U0396392

从图解到影像

当代建筑空间的数字化图解与影像解析

俞传飞·著

东南大学出版社
·南京·

内容提要

随着建筑数字技术的不断发展,设计过程和方法的不断变化丰富,建筑设计的概念表达和成果表现更在数字技术手段的影响和支持下日新月异。建筑设计综合表现的研究与应用,从传统工具和方法对设计成果的直接呈现,转向图解和影像对设计过程的综合表达,其中既有对设计生成过程的分步解析,也有对建筑空间对象的动态、多媒体、交互式展现。

本书拟分为"数字图解"与"影像解析"两大部分,结合当前方兴未艾的参数化设计、建筑生成运算、数据视觉化和信息图形,以及多媒体影像、实时交互渲染引擎等相关数字化新技术与新方法,从图解和影像这两个不同层次和角度,介绍当前数字技术背景下建筑设计表现方面的趋势和变化,研究数字化建筑设计的概念生成和成果表现的图解方法与影像解析。

图书在版编目(CIP)数据

从图解到影像：当代建筑空间的数字化图解与影像解析 / 俞传飞著. —南京：东南大学出版社,2022.11

ISBN 978 - 7 - 5766 - 0334 - 7

Ⅰ.①从… Ⅱ.①俞… Ⅲ.①数字技术—应用—建筑空间—建筑设计 Ⅳ.①TU201.4

中国版本图书馆 CIP 数据核字(2022)第 207742 号

责任编辑:丁 丁 责任校对:韩小亮 封面设计:俞传飞 责任印制:周荣虎

从图解到影像:当代建筑空间的数字化图解与影像解析

Cong Tujie Dao Yingxiang：Dangdai Jianzhu Kongjian De Shuzihua Tujie Yu Yingxiang Jiexi

著 者:	俞传飞
出版发行:	东南大学出版社
社 址:	南京市四牌楼 2 号 邮编:210096 电话:025 - 83793330
网 址:	http://www.seupress.com
电子邮箱:	press@seupress.com
经 销:	全国各地新华书店
印 刷:	江苏凤凰数码印务有限公司
开 本:	787 mm×1092 mm 1/16
印 张:	13.75
字 数:	325 千
版 次:	2022 年 11 月第 1 版
印 次:	2022 年 11 月第 1 次印刷
书 号:	ISBN 978 - 7 - 5766 - 0334 - 7
定 价:	78.00 元

* 本社图书若有印装质量问题,请直接与营销部联系。电话:025-83791830

前言

　　建筑设计(包括过程和阶段性成果)的表现,或曰建筑空间的表达,历来都是建筑学及相关课题研究实践的重要内容之一。随着数字化信息时代的不断发展,建筑设计操作对象的不断丰富变化,设计表达更在数字技术媒介的影响和支持下日新月异。从手绘草图、工程图纸到计算机辅助制图,从实体模型到计算机信息集成建筑模型,乃至数字化多媒体交互影像的设计制作,各种设计表达的方法和手段在设计过程的不同阶段更新交替,均发挥着各具特色的影响和作用。

　　新的建筑表现手段的不断出现使得建筑表现的内涵发生了改变,数字技术媒介支持下的建筑表现手段与传统的表现手段相互融合导致建筑表现呈现出新的特点。当前,无论是在建筑方案的创作初始阶段,还是建筑方案的深化设计阶段,甚至到方案的公示实施阶段,视觉化图式语言作为建筑表现的基础手段一路伴随。而在新的媒介手段支持下的数字化图解和动态化影像的加入,使得建筑设计的表达由过去对设计结果的关注,更多转向对设计理念和生成过程的表达。另一方面,数字媒介带来的互动性,更是拉近了建筑设计者与体验者之间的距离。人们对建筑的体验更为直接彻底深刻,不仅仅是传统的视觉感受,更有听觉、触觉等全方位的感受和现场的交互操作体验,身临其境不再遥远。

　　过去建筑专业似乎只需学好平立剖面图和轴测透视等表现技法,即可按部就班完成设计表达;问题在于——原以为只是缺乏设计表达环节的训练,实际上不是的,建筑专业的设计表现缺乏的是整个一套系统!缺乏把设计信息转换为图解的方法,缺乏把过程的阶段性成果有效表现的技法,更缺乏应用早已不再陌生却要么熟视无睹、要么懒于深究的数字媒介手段进行过程/结果动态展现的系统方法。

　　然而长久以来,相关研究和文论却大多将建筑成果的表达定位于传统的建筑绘画和效果图制作的数字化更新,或集中于具体绘图建模渲染软硬件的介绍和技法应用,而设计表现的相关教学与研究则亟待摆脱传统的经验式和技法类教授研讨,与数字技术媒介影响下的新观念新方法相结合,走向系统化综合性的研究和应用。有鉴于此,本书针对当代建筑设计及其成果表达中的两个代表性数字技术应用表征——图解和影像,探讨日渐成熟的数字技术媒介,在建筑设计阶段乃至最终成果表达中的综合应用,试图为与建筑设计有机结合的多层次、多角度、系统化的设计表达提供有益的探索和思考。

　　针对数字化技术在当代建筑空间的设计及其表现方面的综合应用,本书拟分为"数字化图解"与"影像解析"两大部分,结合当前方兴未艾的参数化建模、建筑生成运算、数据视觉化和信息图形,以及多媒体影像、实时交互渲染引擎等各种虚拟现实相关数字化新技术与新方法,利用笔者近十年来积累的相关研究与设计成果和素材,从图解和影像这两个不同层次和角度,解析当前数字技术背景下建筑空间的数字化图解与影像分析表达方面的典型分析方法与表达过程,具体包括数字化设计图解的数据信息、内容要素及方法流程,以及空间影像分析表达的工具技术、逻辑特征及操作方法;借此探讨数字化建筑设计的概念生成和成果表现对当代建筑空间的影响及其变化趋势。

有别于市场上多如过江之鲫的各类具体建筑制图、建模、渲染软硬件的应用介绍和技法讲解,也不同于长久以来的计算机辅助建筑制图和效果图制作对传统建筑设计方法和流程的简单提升,本书紧密结合当前主要的数字化建筑设计技术与方法,针对建筑设计过程的不同阶段和内容要求,为相关专业研究人员和设计从业者提供概念生成、过程表达及结果呈现的动态新思路和交互新手段。本书应能在建筑专业和相关领域具备较好的理论与实践价值,可作为建筑专业人员在相关理论研究与建筑设计与表现实践方面的重要参考,也可作为高等建筑院校设计类相关专业课程的教材与教学参考。

本书可算是笔者在过去十余年(2008—2022)来,在专业研究与教学等多方面的思考与成果的集成与综合整理。多年来的艰苦思索和点滴积累,兜兜转转,总围绕着这样一个主题——建筑设计的相关表达,从绘图图解到数字影像,究竟如何影响着专业设计流程与方法,又怎样具体应用在设计的相关阶段和环节。

本书的案例,主要来自多年来专业设计与研究指导的成果和一手资料,而非间接资料的转译和解读;毕竟,诸多著名建筑师的案例解析,已经有无数文献/论文进行引用转载和讨论,有兴趣的读者自然可以通过相关检索获得,本书也就不再做简单的重组编译工作。这样既能保证信息素材的原创性,也能促进相关研究思考的直接到位。

书中很多素材,包括大多数案例与插图,均得益于笔者所指导的学生们,笔者与他(她)们教学相长,其中有硕士研究生的学位论文研究,也有本科学生在课程指导中的作业练习。他们是毛浩浩、叶芸、韩岗、吴昊、伍伟侨、王振宇、田杰仁、李宇阳、王沁飐等研究生同学,以及陆明玉、王驰、隗抒悦、张莹、马广超、钱凯、朱博文、杨浩腾、高居堂、秦瑜、张潇涵、孙士臻、顾佳、李淑琪、郎烨程、庞志宇、李小璇、陈峻印、王奕阳、吴则希、殷悦、薛琰文、张卓然、潘天睿、王佳琦、刘琦琳、胡惟一等本科生同学。他们的诸多精彩成果,成为本书写作和相关内容研究的重要支持。相关成果的引用,也都在书中相关章节逐一标注,在此一并致谢。

感谢覃圣杰、沈琛豪、计昊天、王浩然等研究生同学,他们在本书著述过程中帮助我完成了许多案例插图等素材的整理。

感谢朱雷、唐军、唐斌、虞刚等同仁的交流指教,更要感谢东南大学建筑学院多年来的支持与帮助。

感谢东南大学出版社的丁丁编辑及诸位审校人员的辛勤劳动。

目　录

上篇　建筑空间的数字化图解

下篇　建筑空间的数字影像解析

1 绪论:数字技术下当代建筑空间表达的新特征

一直以来,数字技术对建筑空间的影响及其在建筑中的应用,带来诸多方面的变化。相较于工业技术给社会文化与建筑行业带来的根本性变革,数字信息革命对当代建筑的影响,建筑中的"数字文化"有哪些基本特征呢?在《建筑中的数字文化》(*Digital Culture in Architecture: An Introduction for the Design Professions*)[①]一书的作者安托万·皮肯(Antoine Picon)看来以下两方面的思维变革构筑了数字文化的语境:① 设计思维从物理规律向虚拟语境的转变,包括构件、表皮甚至装饰的自组织;② 虚拟媒介与物理世界的彼此融合。前者是建筑学科自身操作方式的变革,后者是建筑学科外部环境的变迁。

> 数字技术影响下的"数字化建筑",则通常涉及三个方面:① 媒介化、信息化的界面,一种新的"物质";② 后现代主义对于主体性(subjectivity)的弘扬;③ 建筑被还原为一个事件、一场表演(performance)、一次狂欢,对建筑与城市传统物质性(materiality)的瓦解,和对"什么是建筑的(新)物质性"这一本体性问题的追问。[②]

回溯不同历史时期及发展阶段的建筑,均有其不同的主角和重心。

古典建筑追求基于数与比例的纯粹形式美学体验,讲究秩序、比例、均衡等美学原则。建筑通过现场的口头交流和实体模型进行表达,并发展出斗拱、柱式、材分等高度模式化的术语体系。建筑以实体要素关系为主角。

现代建筑从精神思想到材料技术均有变革,强调以功能为中心的设计,建筑的理解和表达更多基于人类社会普遍性问题的探索。建筑方案多以平立剖面和效果图进行表达。轴测图则反映了建筑理解的转变。建筑以使用意义上的本体——空间关系为主要对象。

当代建筑则转向新的社会文化关系。从功能主义、标准化规模效应定义的经济性和形式风格,转向大规模定制技术下的消费主义经济模式。传统建筑理论和建筑师在此背景下,若固守沉疴教条,必然尴尬。我们只有从社会、城市的经济文化现状中汲取能量,接受现实,洞察相关因素,反思和批判传统,才能跟上时代。建筑成为资本、思想等传达意愿(广告、形象)的媒介。[③]计算

---

① PICON A. Digital culture in architecture: an introduction for the design professions [M]. Basel: Birkhäuser Architecture, 2010.

② 这部分文字参考了 *Digital Culture in Architecture: An Introduction for the Design Professions* 一书的豆瓣书评中的文字,由 Crusader(豆瓣账号)提供;其中"performance"有时被译作表演,也有时被译作性能、表现。

③ 汤阳. 作为媒介的建筑:建筑的表达与再表达[D]. 北京:清华大学,2009.

1

机辅助设计技术,从辅助造型构思、生成设计,以及相关因素的量化分析测评等不同方面改变着建筑设计的流程和思路。建筑形态成为设计研究和分析发展的生成物,而非预设的主观形式。

而数字技术影响下的当代建筑空间,在设计表达的技术方法和各阶段流程中,则更多体现出诸多层面的空间异化,其中包含空间叙事方式的超文本化、空间生成方式的图解化,以及空间观察与体验方式的影像化与交互化。这种种空间异化的表现,究其根本,又可归结回溯到数字技术作为信息媒介和设计媒体[①],对空间综合表达方式的拓展。

1.1　空间叙事方式的超文本化

叙事由两个层面组成:故事和演讲/表达(presentation)。[②]

建筑空间的场景组织和文本叙事(就是讲故事,story telling)之间存在某种互文关系。建筑设计和空间规划通常关注的不只是单个空间场景,而是若干空间场景之间的顺序变化——空间彼此的前后关系、内外关系等。这种顺序变化就如同文学中段落与段落的前后关系、句子与句子的衔接,词与词的连接,在故事中一个事件与另一个事件的关联。

传统叙事文本,如小说、戏剧、电影等类型的作品,常常是沿着时间顺序线性展开的。这种叙事方法一直以来,都给人以清晰而简洁的印象,即使当其中包含某种小小的闪回片段,或是辅助性的多线程情节。按照这样的叙事逻辑生成的建筑和空间,往往也成了具备某种特殊的"文本结构"的系统——某种树状的系统。但是,在当代的现实生活中,我们的社会建构更越来越像是一张网。很多人都知道,城市结构其实并非树形。[③] 当代建筑的空间结构也一样。而且,这一点随着电脑网络和虚拟空间的普及而显得更加清晰易辨。[④]

一些建筑师(设计师)早已做过这方面的尝试和努力。借助传统电影脚本叙事进行的的空间、行为、事件组织和动态图解表达,常以伯纳德·屈米(Bernard Tschumi)在二十世纪八十年代的两个作品举例。屈米从一组事件中提炼出一种结构的秩序,然后移植到自己的作品中,演绎了一种由叙事链连接的事件空间。他运用文学作品或电影情节中设置前兆、逐渐消退以及跳跃、剪切等处理方法,映射到空间策划中,来打破传统的空间叙述时所采用的方法及控制空间语义的手法。

①　媒介(medium)和媒体(media)的区别,本书参照通常界定,作为信息载体,媒介更指总体范围的统称,而媒体则指具体范畴的技术或应用。

②　CHATMAN S. Story and discourse [M]. New York: Cornell University Press, 1978.

③　亚历山大. 城市并非树形[J]. 严小婴,译. 建筑师,1985,24(6):206-224.

④　俞传飞. 我们为什么要如此建造? 数字技术时代建筑的新叙事方式[J]. 新建筑,2008(3):24-27.

作品一是曼哈顿手稿(图1-1)。空间系统、事件系统、运动系统,一场电影式的纸上建筑实践,一场谋杀情节的图绘和照片,抽象符号和建筑学的传统表达方式相结合,组成一套类似电影脚本的建筑文本。

图1-1　曼哈顿脚本图解

作品二是巴黎拉维莱特公园(图1-2)。点、线、面三套系统的叠加,空间、行动、事件相互交织产生联系。点指建筑小品(空间标志);线指树阵、街道、小径等(运动行为);面指游乐场、露天广场等大型空间(事件场所)系列电影场景(series of cinegrams)。

图1-2　拉维莱特公园图解

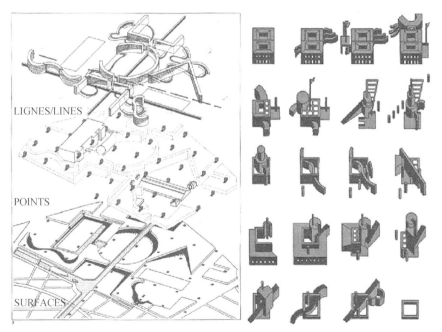

那么究竟文本的叙事方式有哪些特点,它们和建筑的空间组织方式,或曰空间的叙事方式之间又有着怎样的关系呢?

1.1.1　线性叙事与古典建筑的线性空间构图

传统文学叙事作品呈现出一种线性结构,以字、词、句、段、篇章、标题的形式固定下来,而且每一页都编了页码。传统文学的情节通常完整连贯,一气到底,呈发生、发展、高潮、结局的线性发展模式。传统文学作品的线性结构,基本上沿着一条顺序展开的时间轴来铺排故事,虽然其中不乏"花开两朵,各表一枝",如传统章回体小说等等。

故宫的空间序列无异于一部传统章回体小说,反映出传统文学时期和古典建筑空间序列的对应(图1-3)。传统古典建筑的空间构图,是以中心、中轴和层级分明的等级秩序,建立的空间序列结构。在传统的建筑空间中,通常拥有一个单一而清晰的核心或轴线,围绕这个中心或中轴的其他部分则按照各自的空间等级依次排列,而且这种空间结构总是拥有一个或多个设定的最佳视点。

图1-3 线性空间组织,明清故宫空间和雅典卫城图示分析

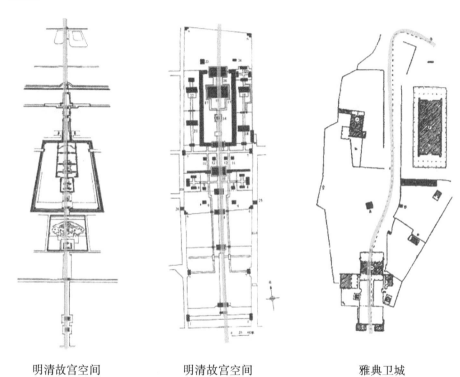

明清故宫空间   明清故宫空间   雅典卫城

1.1.2 非线性网状叙事与现代建筑的非线性空间组织

人们对世界的认识和思考越来越丰富复杂,故事更要讲得曲折。现代主义作品的叙事结构不再是简单的树状结构,不再干支分明,而是呈现某种网状特征。海明威小说的叙事艺术,有诸多叙事结构,套叠、穿插、倒叙等等。现代主义作品,开始有了淡化情节、消解情节的趋向,带有更多的不确定性,为艺术想象提供了广阔的天地,但它们仍属扁平的静态结构,缺乏厚度感和立体的延展性。

现代建筑空间结构和现代小说文本的比较,可见于吐根哈特(Tugendhat)住宅这类现代建筑的平面分析,不同部分不再等级森然,但还是

有主次之分(图1-4)。现代主义建筑的空间离心,来自灵活分隔的柱网墙体等结构技术支持。

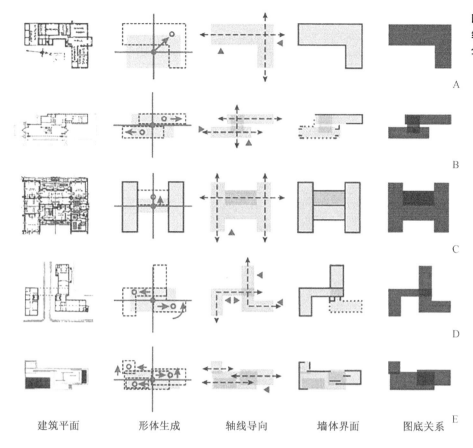

图1-4 非线性空间组织,现代建筑空间图示分析

建筑平面   形体生成   轴线导向   墙体界面   图底关系

1.1.3　超文本叙事与当代建筑的超链空间结构

随着超文本结构和交互式非线性小说的出现,超文本叙事的文学作品在文本内部或文本结尾设置有超文本链接点,提供不同的情节走向供读者在阅读时选择,不同的阅读选择会产生不同的结局,因此也称为多向文本文学。与传统文学相比,超文本文学具有非线性、互动性、开放性、非中心化和未完成等特点,对以纸质印刷文本为媒介的传统文学形成了颠覆性的挑战(图1-5)。

当代建筑和超文本的对应,可见于彼得·艾森曼(Peter Eisenman)不同时期设计作品比较——早期的井然有序,后期的折叠运算,其中有逻辑联系,但也差异分明。两座不同的古根海姆(Guggenheim)博物馆,则是不同时代的典型代表。当代建筑空间的组织结构更像洋葱——每个部分都是重要的。当代或未来的建筑空间,则有可能不再拥有过去那样明确的中心,空间的各个组成部分都依同等的次序并列。空间的各个单独因素,将和其整体一样重要。

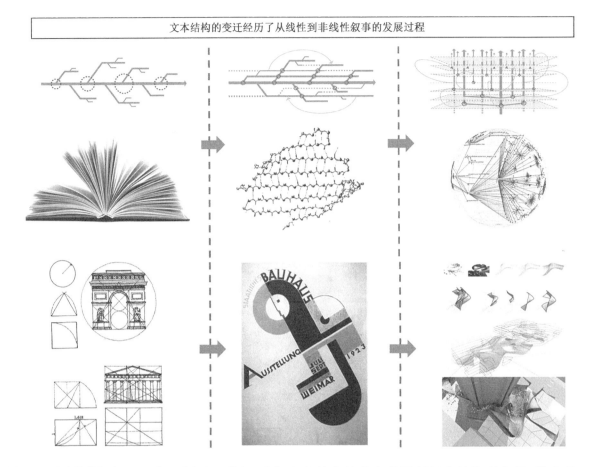

文本结构的变迁经历了从线性到非线性叙事的发展过程

图1-5 文本结构和空间序列的互文关系插图（文本叙事结构的三个发展阶段、不同历史时期建筑空间序列的对应）①

与此同时，不同于我们生存其中的真实世界所拥有的物理空间，数字化世界的虚拟空间也许更是超链空间结构的典型。无论是一个电子游戏场景的互动式空间，还是互联网络上那些抽象的虚拟社区，虚拟空间的结构使得它们通常能够摆脱物理世界的束缚，诸如重力、气候因素或是地理因素。因此，它们的结构通常也就更为灵活，更容易适应和满足不同个体的需求。不同组成部分之间的联系就如同一张多元的网络一样伸展折叠。这样一个新的维度拓展了生存空间的内容，因而也反映出通过新的组织系统建构空间的需要。②

1.2 空间生成方式的图解化

1.2.1 从片断图示到数字图解

传统建筑空间的设计和生成，主要通过传统图示方式进行表达和操作；而

① 叶芸,俞传飞. 新叙事·新空间:叙事文本与建筑空间的比较阅读[J]. 新建筑,2011(2):66-69.
② 俞传飞. 我们为什么要如此建造? 数字技术时代建筑的新叙事方式[J]. 新建筑,2008(3):24-27.

这套传统图示思维方式，又反过来影响甚至决定了空间的生成方法和流程。从设计师的草图，到平立剖、轴测技术图绘和效果图表现，片段式的空间投影方式，表达着空间对象的特定信息，表现着特定设计阶段的片断结果。罗宾·伊文斯（Robin Evans）早已注意到建筑师总是需要通过中介（建筑图），才能表达设计意图实现目标，总是面临设计者与其最终对象（建筑）之间分离的矛盾（图1-6）。

图1-6　安德烈亚·帕拉第奥（Andrea Palladio）绘制的古罗马浴场立剖面图、达·芬奇（da Vinci）的空间透视素描草稿

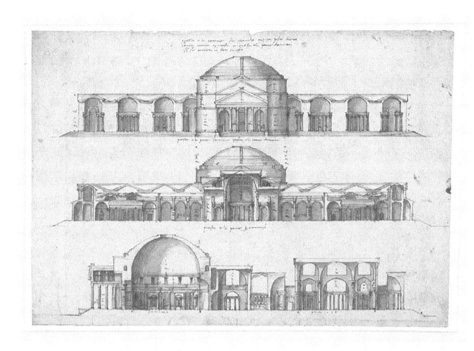

安德烈亚·帕拉第奥(Andrea Palladio,1508—1580)的古罗马浴场立剖面图

达·芬奇(da Vinci,1452—1519)的空间透视素描草稿

换句话说，从古典式的写实渲染，到现代主义的几何抽象，乃至当前的数字化运算图解，这些不同的建筑图解方式，在反映不同的再现内容和对象（从

传统空间到现代空间,再到数字化空间)的同时,其实也对应着不同的设计方法和思路。而数字技术盛行之后的当代建筑空间操作和生成,则更加注重生成连续过程的展现;设计因素和数据的参数变量调节,更让空间生成的规则和流程,成为连续图解的演变呈现。

图解,顾名思义,就是用图示化语言来解释说明。图解在词典中的释义有:以图或其他看得见的表现方法为一个主题所做的说明,或利用图形来解释、分析或演算。从建筑方案早期的手绘草图,到尺规工具图,到借助计算机辅助建筑设计的二维平立剖面图,乃至后期的建筑效果图和建筑施工图,都是在用二维的图示化语言来解释说明。在这些时候,图解是一种解释性或者分析性的工具,用来表示某种几何关系,进行形式研究,解释事物之间某种内在关系,等等。有研究者将其归纳为解释性图解、生成性图解和数字图解。[①]

斯坦·艾伦(Stan Allen)认为,图解是一种对建筑所包含的各种元素之间潜在关系的描述,而不仅是反映事物运转方式的抽象模型。也可以说,图解是一种介于形式和文字、空间和语言之间的媒介形态,它既是一种视觉媒介,表现空间关系,也是一种类似语言的逻辑工具。

> 图解常常被认为是某种事后的东西,是对形式、结构或程式提案进行沟通或阐释的说明性工具。但是这就忽略了图解的创造性机能。图解是建筑师对组织结构进行思考的最为精练和有力的工具。图解的变量同时包含了常规性和程式化的配置:空间和事件,动力与抗力,密度,分布,以及方向趋势等。……图解是高度概要和生动的还原剂,但他们并不是简单的画报。图解是依照语法的而非语义的,它更涉及结构而非含义。[②]

图解符号的能指(signified),如红灯、三叶草和符号的所指(signifier),如停止符、交通流线,在建筑空间的设计生成过程中,各自发挥着不同的作用。能指与所指的三种关系则包括索引指标(index)、图标图像(icon)、象征符号(symbol)。

1.2.2 建筑图解的设计操作

提到具体的图解设计操作,业内人士大都熟知有关于图解的建筑师如美国的彼得·艾森曼(Peter Eisenman)、荷兰的瑞姆·库哈斯(Rem Koolhaas)等。他们被认为是"互补地试图以图解取代设计"的建筑师。

艾森曼的研究从历史学中的形式分析图解"九宫格"开始,试图将"内在性"和"外在性"两大分析衍生系统引入到建筑设计中,在他的著作《图解日志》

① 徐卫国,陶晓晨. 批判的图解:作为"抽象机器"的数字图解及现象因素的形态转化[J]. 世界建筑,2008(5):114-119.

② STAN A. "Notations + diagrams: mapping the intangible" from practice: architecture, technique and representation [M]. London: Routledge, 2009.

(Diagram)一书中,他以图解为线索,总结了自己多年在建筑设计领域的研究工作(图1-7)。

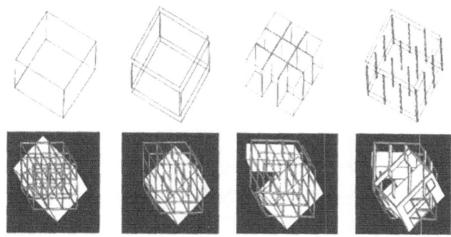

图1-7 艾森曼建筑图解

彼得·艾森曼,加倍与旋转,住宅2#和住宅3#

拥有记者、电影剧作者和建筑师多重身份的库哈斯在自己的研究实践工作过程中,充分考虑到社会因素对建筑设计的影响,把社会学作为初始的设计条件之一引入到图解设计中(图1-8)。他在初始收集各方面的资料信息,通过归纳整理统计分析完成最初的理念构建。他从研究开始,将数据转化为形式。

库哈斯的设计表达,早已不再是关于象形或象征意义的阐释,也不是某个存在物或概念的再现,而更多是基于具体条件的分析与认知、项目内容组织演化,以及自身体系生成与发展的逻辑必然的图释表述。[1]

图1-8 库哈斯建筑图解

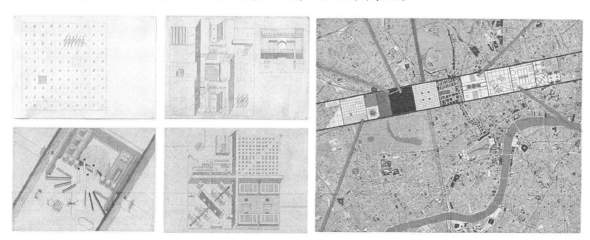

比较上述二者,虽然在方案创作初始阶段的出发点不同,但图解都是作为一个生成工具穿梭于整个设计过程中,直至方案最终形成。图解在这里成为

---

① 汤阳. 作为媒介的建筑:建筑的表达与再表达[D]. 北京:清华大学,2009.

方案概念和设计生成过程的生动表达。

1.2.3　当代空间的生成方式——数字图解

时至今日,信息技术日益革新,计算机技术凭借强大的创造和生成能力,通过数字图形软件对信息的操作得到新的图像,渐渐成为图解操作和设计表现的新兴媒介。① 图解技术与数字技术结合起来,带来更多难以预测的建筑形式,其结果是令人惊奇的。由于数字技术的介入,1.2.2节提到的艾森曼的"事件发生"和库哈斯的"社会因素"结合在一起,也许有可能成为某种完整的图解过程。建筑师从操作者变成了控制者。所谓的数字化图解正在越来越多的建筑设计及其表现中如影随形地开展起来。运用此类手法的代表建筑师有美国建筑师格雷格·林恩(Greg Lynn)和荷兰的建筑事务所联合工作室(UN Studio)等等。

安东尼·维德勒(Anthony Vidler)在他的《图解的图解》(*Diagrams of Diagrams*)②中,将当代西方利用数字技术探索建筑形态的情形归纳为四种:① 以格雷格·林恩为代表的"泡状物"(blobs)设计,将操作建立在动画软件而非建筑基础之上;② 以荷兰 MVRDV 建筑设计事务所的数据景观(datascape)为代表的基于数据模型绘图(mapping)设计;③ 以库哈斯、丹尼尔·李布斯金(Daniel Libeskind)、扎哈·哈迪德(Zaha Hadid)等为代表的现代主义抽象简化符号和代码;④ 以盖里(Gehry)为代表的超现实主义流动形态。

林恩是数字设计领域的知名人物,早在 1999 出版的作品集《动态形式》(*Animate Form*)中详尽阐述了数字技术应用于建筑设计的必要性和可行性,并将图解与数字技术紧密结合在一起。大多数情况下,图解依据是某种拓扑形,例如泡状物,折叠,而在他的部分作品中,以动画软件中的粒子系统③作为图解工具,探讨了一种对场所力(一般是人流和车流)进行更精准模拟的可能性(图 1-9)。

图 1-9　林恩的动态建筑图解

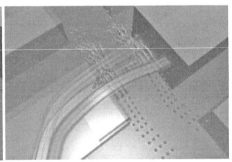

① 徐卫国曾在相关文章对"数字图解"有过相关界定。参见:徐卫国. 数字图解[J]. 时代建筑,2012(5):56-59.
② 虞刚. 数字建筑的崛起[M]. 上海:同济大学出版社,2012: 69.
③ 众所周知的 3DS MAX 等三维模型动画软件均有此类功能模块。

数字化图解在很大程度上将建筑设计作为对功能和自然条件的直接反馈。与传统的分析—综合—评价这样一套创作过程得来的设计结果不同,在动态的数字图解设计过程中,是通过不断调节各个变量因素的值来获得不同的方案。传统二维图纸媒介系统从设计对象和设计过程两个方向,不同程度地分化着建筑的设计内容和表现成果,然而通过从建筑表现方式到建筑设计主要因素的转变,借助数字技术媒介参与的数字化图解将建筑设计与其表现逐渐拉近,有成为一个有机整体的趋势。

另一方面,数字文化对建筑发展的影响存在于几何与算法、建构与物质层面,以及城市等诸多层面。但必须面对的问题是,数字技术乐观派所宣称的数字技术对环境复杂性的强大回应方面仍需持怀疑态度,图解方法即是其中的一个典型表现,因为图解其实很少实现它们的承诺"diagrams have seldom fulfilled their promises",①通常情况下它仅仅是个噱头,与巴黎美院时代的"parti"没有本质的区别,譬如 UN Studio 的实践。②

数字图解的建筑师及其设计的案例自然不胜枚举,但其基本操作了哪些数据信息,又是如何针对建筑设计的相关要素进行解析,其中具体的操作流程和方法,相关资料大多语焉不详。本书上篇对此进行系统详尽的介绍探讨。

1.3 空间体验与交互方式的影像化

1.3.1 从图示观览到影像体验

建筑对象所包容的元素之多、传达的信息量之大,它所包含的形、色、体、空间、时间以及场所等其他因素,绝非某种单一的传统媒介可以表现穷尽。现场体验应该是解读的首选,但时空的阻隔限制了现场解读的可能,而二维平面印刷媒体在对建筑的还原能力和交流能力方面有着明显的局限,以至在建筑艺术的传达过程中经常造成多种信息的缺失和变异,最终导致对建筑的误读。

从传统图示中的二维体验,到布景式的 2.5 维舞台空间,以及三维模型或透视的立体观览,传统的空间体验方式,除了现场观览游历,基本依赖透视效果图纸和实体模型;观看几乎是唯一的交互方式。除却一览无余的图纸模型,其实中国传统的卷轴画早已带有观读方式和时间上的延展性质(图 1-10)。

---

① PICON A. Digital culture in architecture: an introduction for the design professions [M]. Basel: Birkhäuser Architecture, 2010.

② 相关讨论也可参见 *Digital Culture in Architecture: An Introduction from the Design Professions* 一书的豆瓣书评,"新"到底意味着什么?(豆瓣账号:干旱的雨天)

图1-10 《千里江山图》移轴展卷的观读方式

而动态影像,既是人对视觉感知的物质再现,也是一种视觉符号,通过编辑和处理可以发展成为传递信息的视觉语言。由来已久的电影影像,为空间的体验甚至塑造,提供了非常丰富的素材和途径。影像作为建筑艺术的表现媒介构成了对传统设计表现媒体不足的补充和修正。换句话说,影像媒介以其丰富的手法、多变的元素拓展了建筑师对建筑体验和表现的操作范围。

1.3.2 当下数字技术下的空间体验与交互方式

数字技术早期的渲染效果图,其实只是传统图纸的电子升级版;随之而来的计算机渲染漫游动画,则以动态方式,让空间的体验增加了时间维度。得益于方兴未艾的实时渲染引擎和虚拟现实技术,空间的体验和交互方式,通过数字影像获得了极大的丰富和拓展。

数字影像是当代影像的数字更新,泛指由数码像素组成的、能够无限无损复制编辑的数字信息构成的影像。《数字影像文化导论》[①]中将数字影像界定为使用数字化摄像设备进行拍摄,使用专业电脑软件进行剪辑,具有数字化特征的视觉符号。此处的数字影像,包括照片、视频等二维数字影像和虚拟现实(VR)、增强现实(AR)等虚拟环境模拟沉浸影像。数字动态影像作为表现媒介在完整性、真实性及与表现对象的互动性方面具有长足的优势。

从早期的渲染动画,再到如今多媒体交互技术与建筑设计的结合,建筑设计表现的互动性和沉浸性都在逐渐增强。实时渲染交互引擎是一套由多个子系统共同构成的复杂系统,从建模、动画到光影、粒子特效,从物理系统、碰撞检测到文件管理、网络特性,还有专业的编辑工具和插件,几乎涵盖了设计表现操作与空间体验过程中的所有重要环节。与同样拥有强大数字技术支持的电影场景,建筑动画场景不同的是,设计空间的操作者可以通过一系列数字媒

---

① 王国燕,张致远. 数字影像文化导论[M]. 合肥:中国科学技术大学出版社,2014.

介与空间场景进行沟通互动,获得全方位逼真的场景体验。

诸多引擎已经提供了面向建筑和工程的实时交互模拟应用授权。不难预想,借助此类数字技术媒介,动态影像表现方式在真实感和互动性等方面将日新月异。而这一点,也是我们在设计表现方面为了尽可能让专业人士和大众都能够全方位互动体验建筑可以借鉴利用之处。实现这点并非可望而不可即。与此同时,基于动态影像捕捉识别的体感技术,以及多层次覆盖的虚拟现实技术,越来越多地应用于空间体验的专业领域内外。在专业建筑设计表现中,从抽象的概念图解操作到具象的参数化影像模型生成,过程的互动和结果的反馈有可能借此同步进行。

空间的数字影像表达,虽然总是专业内外吸引眼球的话题,但几乎难见系统介绍。本书下篇对其具体技术应用、逻辑特征,以及操作方法等展开详尽介绍和探讨,并结合空间设计和影像表达的实践案例配合解析。

2 数字技术下的建筑空间设计表达概述

2.1 建筑的设计媒介与空间表达叙事

对媒介的操作是现代建筑师的本质。[①]

计算机数字化不仅是高效的绘图建模"工具",也是帮助实现设计和建造过程的"技术",更是思考和表达设计观念和操作方式的"媒介"。[②]在进行数字技术下空间表达的图解与影像等新媒介讨论之前,有必要对媒介在空间表达中的作用及其变迁稍事回顾。

2.1.1 空间表达传统信息媒介的反思

1) 传统图纸与模型系统对设计思维与空间表达的限制

某种意义而言,建筑设计和空间表达,是一种纯粹的信息操作,其过程是通过一系列不同的文化和媒体技术来界定的。

从古典传统中针对建筑的口口相传的术语模块,后续的文字性描述、到机械印刷时代对建筑图像的大量复制和传播,印刷改变了建筑信息在时空中的传播方式。根据纳尔逊·古德曼(Nelson Goodman)的分类,绘画和雕塑属于"autographic"(亲笔书写),是作者亲手创作,无法复制;音乐和舞蹈则属于"allographic"(代笔书写),需要通过音符、编舞进行记录并被反复表现。建筑,一方面是独一无二的(由其本质上的空间性和时间性所决定);另一方面,它又可以通过各种建筑制图、施工图纸被记录和分析。

一种由来已久的建筑记号体系(notations),一套新型的记号格式,重塑了建筑信息从设计者向建造者传达传播的方式,也扩大了思想者和建造者之间的鸿沟。在这样的转变过程中,建筑的设计和建造,从匠人的亲自构思现场搭建,转变为一人设计他人建造的代笔书写(allographic)。这如同音乐之有别于其他艺术,不再是"亲笔书写"(autographic)。设计和建造的分离,依赖的不是画家的绘画,而是具有"真实尺寸""精确比例""一致性线条"的制图。只有通过这样精确的视觉呈现,建筑设计方案才得以被记录和检验。从这个角度

---

① HILL J. Immaterial architecture [M]. London:Routledge,2006.
② 虞刚. 数字建筑的崛起[M]. 上海:同济大学出版社,2012.

而言,建筑师的真正作品其实是视觉呈现的建筑设计(方案)(图 2-1)。在这里,建筑成了某种完全的作者化、代写式、记号化的对象。

建筑记号体系的发展,总是伴随着建筑师数学工具在性质和功能上的剧烈转型。维特鲁威(Vitruvius)基于模数制的文字描述和现场操作,被阿尔伯蒂(Alberti)在《建筑论:阿尔伯蒂建筑十书》中运用精确比例和数字标注的施工图所取代。[①] 在很多情况下,可以被建造的东西,就受制于能够被图纸所描绘和测量的内容。因为传统图纸记号体系的(欧氏)几何特性,自然受制于几何工具的可操作性,以及几何运算的复杂程度。那些难以绘制和测量的形式,通常也就难于通过这套记号体系进行记录和推演。柯布西耶(Corbusier)的朗香教堂,为此做出了大量的妥协("造假",cook the book);而高迪(Gaudi)的做法,则因此几乎彻底回到前阿尔伯蒂时代的建筑自制方式。数字化运算工具和此类方式在很大程度上的共通性,使得高迪成为当代数码建筑设计喜欢研究的案例对象,绝非偶然。[②]

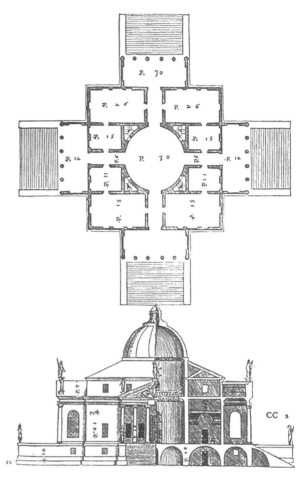

图 2-1　圆厅别墅建筑图纸

2) 设计绘图工具的更迭和设计思维的传统方式之间的关系问题

纸笔草图能捕捉瞬息的思维轨迹,电脑工具能快速大量绘制精确的图纸信息单元,两者至少在当前会并存互补下去。但问题是,不论是学生还是很多设计者,都已经不自觉地被电脑工具"剥夺"了思考的过程,丧失了设计草图中"犯错"的机会。

选择一种软件工具,就意味着选择了一种设计方式。而过去的尺规纸笔,是否也是这样呢? 格雷夫斯(Graves)曾把方案的设计表达分为三个阶段:参考性草图(referential sketched)、准备性研究(preparatory studies)、确定性绘图(definitive drawings)

草图是职业的即时性思考方式;而电脑绘图则是,"你画得越多,身体能力被肢解得越厉害"。目前的绘图建模软件,在具有某项或某类强大功能的同

①　阿尔伯蒂. 建筑论:阿尔伯蒂建筑十书[M]. 王贵祥,译. 北京:中国建筑工业出版社,2016.

②　这部分的讨论,参见 CARPO M. The alphabet and the algorithm [M]. Cambridge:The MIT Press,2011. 第一章相关内容的讨论和刘东洋老师的相关翻译。

时,往往也限制了操作者的动作,甚至意识。不同软件的界面、功能,数学式的信息输入方式、菜单选项、呈现方式,及其实现的某种效果,太过具体和强烈,缺少模糊性,从而限制了其他的可能性。

计算机辅助设计(工具)仍采用传统图纸绘制过程中基于对象的方法,先收集(选择)信息,再将信息转换为精确的几何信息符号表达。这套方法的根本问题在于,操作对象的信息量和信息特征难以超越绘图或建模初期所提供的内容。[①]

草图方式则有别于此,因为它的操作形式所带来的信息量,往往超越设计者的预期;或者说,至少在熟练的草图设计者笔下,信息方式和信息内容不是简单的描述关系,而是相得益彰、相互激发的互动。

手眼脑合一的设计操作,只有在"简单"工具的协作下才能完成,电脑太"复杂"了。草图的思考性无以取代,虽然千百年的历史并不必然成为其延续的理由。计算机辅助设计(CAD)曾经抹杀了手工绘图中的开放性和不确定性,也抹杀了实体操作痕迹所留下的过程性。能够将草图数码化识别并转换为图纸的软件工具曾经受到过研究和关注,但更为新颖的参数化建模工具,在某种程度上可能区别于过去的 CAD,而给设计者带来某种"数字化设计思维"的新型的不确定性和惊喜。

2.1.2 建筑设计数字媒介的升级拓展

设计的意图决定了 CAD 环境中为建筑形式进行建模的方法。而表达基本的建构设计理念要比生产那些看似精致却往往模糊了设计概念的效果图重要得多。[②]

1) 形式自由之外的意义

传统建筑图纸系统,是一套基于精确度量的画法几何体系。这套几何信息系统,既是设计的信息媒介,更是一套基于图纸语言的几何信息说明工具。而一直以来的 CAD 工具,基本上都是对传统图纸系统的计算机化模拟。虽然 CAD 工具在速度、效率、精度等方面都占有极大的优势,但并没有真正给传统的建筑设计方式带来本质性变化。

和传统欧氏几何相比,数字运算支持下的形式操作几乎完全自由了,复杂、不规则的几何形式,几乎走向另一个极端,成为新的技术热潮不可或缺的标签。但几何形式语言如同任何语言一样并非完全普适和中立,有其显然的局限性和影响力。数字运算和计算机辅助设计也是一种工具,因此也

---

① 袁烽,里奇. 建筑数字化建造[M]. 上海:同济大学出版社,2012.
② 沙拉帕伊. 建筑 CAD 设计方略:建筑建模与分析原理[M]. 吉国华,译. 北京:中国水利水电出版社,2006.

不例外。只是和传统图纸不同,这种新的工具媒介,更像某种物质性的操作工具,像锤子和凿子一样。数字技术在建筑设计中的影响和应用,从一开始就可以真正数字化,可以从算法(algorithm)的可变性开始,而非始于盖里(Gehry)那样对物理模型的扫描缩放和建筑材料的生产制作所体现出的相同性拷贝。

计算机辅助设计带来了新的设计语言。基于数字建模和运算的操作方式,似乎让人回到亲笔书写(autographic)、亲身建造的理想状态。[①]因为它强大的运算能力、精确的视觉呈现、直观的交互操作和参与方式,以及设计和生产的整合组织,几乎综合了前述记号体系的优势,同时又消除了传统几何描绘和测量的瓶颈,甚至拓展了建筑设计的技术和社会意义。

2) 从计算机辅助设计到运算化设计

计算机辅助设计(CAD)和运算设计(computational design)存在根本区别。运算设计和CAD的根本区别之一,就在于设计操作过程,主要是对设计信息和考虑的对象,进行编译和关联,建立规则和联系。建筑的空间形态和几何形体并非通过直接的绘图和建模程序进行定义,而是通过前述的规则系统来生成。在这一过程中,设计信息不是被简单地描述(信息再现和表达),而是用以创造新的生成结果。

因此,从计算机辅助设计到运算设计的转变,可以概括为以下几个方面:① 从对物体对象建模到对过程建模;② 从设计形体到设计行为;③ 从设计静态的数字构造到定位能够交换数据、反馈信息的运算系统。

2.1.3 建筑空间的数字化叙事表达

和传统绘图的二维性相比,数字媒介在三维动态(多媒体)和交互调节(参数化)两方面的特征,恰可对应于当前空间体验和使用方式上的快速、片断化和动态感的追求,以及设计表达方式上的交流互动性和参数化调节方法。

1) 数字图解与数字影像的互补

如之前章节所述,数字化图解是对设计逻辑的抽象化,反映的是设计生成过程中,建筑空间的相关影响因素(数据、变量)之间的逻辑架构与规则体系,并通过序列性历时演变或图版式共时呈现加以叙事表达。

数字影像则更偏重对设计体验的具象化,既沿袭着传统影像的时间性和动态性呈现,以及镜头语言、剪辑组织的特定视角、运动和组织序列,反映空间场景对象的动态感受;又通过实时渲染、交互引擎的操作,虚拟现实技术的空

---

① 这部分的讨论,参见 CARPO M. The alphabet and the algorithm [M]. Cambridge:The MIT Press, 2011. 第一章相关内容的讨论和刘东洋老师的相关翻译。

间拓展,实现传统媒介难以企及的叙事表达。

一端是最为抽象的概念图解,一端是最为具象的影像传达。前者强调设计生成的过程性,后者强调设计表现的交互性。其间的所有方法和手段,不论是实体的概念模型,还是繁复的施工图纸,都是为了通过专业或非专业的手段,向人们解释和证明。前端是为了解释为什么要这样做(原因),后端是为了解释这样做会有怎样的效果(结果),中间的一切都是解释和证明因果的联系和可行性,以及具体实施的方法。

2) 技术信息与动态交互的兼顾

建筑设计信息的表达,从传统的图纸系统,到如今的数字影像系统,互为交叠,各有擅长。平立剖面图属于技术性图,透视图属于表现性图,轴测图则兼具技术信息和表现效果。我们通常讨论的影像,则似乎多属于效果类表现性范畴,都是追求逼真、氛围,乃至艺术感染力;虽然偶有文本、数字等穿插在影像中,却似乎少有专精的技术性影像。这里的技术性影像,是相对于一直以来的表现性影像而言,专指把单纯的影像和丰富的文本(广义的,包括文本、数据、图形等)信息相结合,以动态、交互、多媒体的方式,传达包括传统意义上的技术性图示信息,以及拟真类效果影像在内的建筑影像(图2-2)。

图2-2 动态图形
(motion graphic)的建筑表达

3) 建筑的动态交互式影像表达

建筑空间和建成环境的体验,一般是动态交互式的。然而长久以来,基于传统图纸模型乃至计算机辅助绘图系统的工具特点和技术限制,对于建筑设计和操作对象的表达,却以静态的二维或三维图像或实体为主。

如果人对建筑的体验总是历时的,那么建筑的展现就总是叙述性的。这是传统的建筑专业图纸与建筑观者体验经验相背离的根本所在。图纸提供的是共性的体验,它导致叙述感的丧失。理论上,影像具有穷尽一切叙述空间的可能,因为它可以对时空进行剪接。剪接,是影像语言的主要组织方式,也是空间叙述和体验的主要途径。如同小说具有故事时间和叙述时间(对原故事情节的打乱和重组)一样,建筑也具有真实空间和叙述空间,真实空间总是经由叙述空间呈现出来;叙述者,就是选择某种方式表达建筑的人。[①]

电影的取景运镜和蒙太奇剪接叙事,以及实时渲染和交互操作的扩展现实(XR)[②]和互动引擎,常常在空间和建筑对象的体验和表达上,比传统建筑师要更加到位。这些可以列举出一系列电影、游戏和虚拟现实作品中的相关场景和片段。如何帮助建筑师便捷有效地建立交互动态影像的空间叙事表达,是一个非常有趣的问题。

2.2 从结果到过程——数字化图解

把建筑理解为某种信息管理方面的运作,倾向于将其焦点从结果转向过程。[③]

2.2.1 具象与抽象

1) 图解的抽象性与知识性

图解能将其他各种(内在的、深层的、隐形的、非视觉的)因素提取、精炼、转换成视觉图形,并在同一时间,形象生动地展现在观者面前,以便人眼和大脑能在瞬时以最直观的方式对眼前的图形和相关信息进行处理。

通常的草图,其实某种程度上,也是一种图解的研究过程。在这个过程中,思考其中显性或隐性的关系,从错综复杂的网络中寻找秩序和可发展的关系,运用某种模式发展建筑空间。一开始,无论有什么构思想法,统统重叠于草图纸上,无所谓对错或正确与否。这本身也类似于图解的训练。不断从中找寻关系,层层潜在的因素和内容以图像的形式浮现出来。当一张草图纸(mylar,聚酯薄膜,硫酸纸)涂画得几乎无法分辨时,再覆盖一张新的在上面,把之前的关键信息提取追溯(trace)出来。如此往复,不断深入(图 2-3)。表面上人们呈现出来的东西似乎很简单,但实际上建筑师是花了大量的时间和精力来思考背后的关系和发展依据的。

重新审视设计意图的表达和最终结果的表现之间的区别,会发现"分析"是其中非常重要的因素。出于不同目的选择相应的建模制图和分析图解技

---

① 包行健. 空间蒙太奇:影像化的建筑语言[D]. 重庆:重庆大学,2008.

② XR(扩展现实,Extended Reality),也常被用于描述包括 VR(虚拟现实)、AR(增强现实)、MR(混合现实)在内的多种虚拟与真实环境或行为交互技术.

③ SCHEER D R. The death of drawing:architecture in the age of simulation [M]. London:Routledge,2014:114.

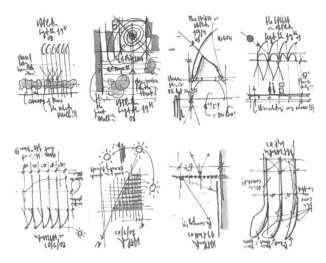

图2-3 建筑师伦佐·皮亚诺(Renzo Piano)的设计草图

术,可以使设计者专注于设计问题的最主要的方面;可以通过省略了无关细节的模型图解,针对设计问题的不同视角,建立起许多不同类型的分析模型。

在建筑设计中,CAD 建模不应该从它的表现质量的角度去评价,而应该根据它作为承担准确的分析功能的对象的角度去评价。理解如何可以使三维 CAD 建模技术支持和反映设计思维,可以使我们更多地关注与建筑设计的空间和形式的表达。……一个熟练的 CAD 建模人员应该擅长根据设计纲要所呈现的需求在模型中采取正确的表现形式。[①]

因此可以说,一方面,图解能够以抽象形式同时表达设计的不同方面,而不仅仅只是建筑的形式;它能帮助设计者理解复杂问题,在设计中加入非空间信息,建立设计过程和施工建造之间的重要联系。(实体)模型常常只能表达形式,它们太具象了。建筑与传统制图乃至数字图解的体验方式其实并不相同,但图纸常常作为中介,将建筑师的实践(绘图)转化为抽象化的空间对象,将图的体验和建筑的体验等同起来。[②]图纸和图解帮助建筑师(脱离或先于建造)对其设计对象进行操作和理解(编码),也帮助他人对设计对象进行解读和体验(解码)。

另一方面,图解不仅是一种传达抽象建筑理念的工具媒介,它也是产生建筑学自身知识的方法手段。建筑学并非纯粹的科学,但它也需要像科学运用术语那样,运用图示、图解的惯例,来进行专业知识的讨论、交流和共享。绘图方式,影响着思维方式,无论是个人的还是集体的思维方式。众所周知,图解和图形能把不同类型的数据转译成空间关系,通过空间化和视觉化信息,揭示出其中隐含的秩序。空间逻辑的联系可以被视觉化理解。绘图就是通过空间逻辑的具象化,进而创造有关空间的知识,为理解增添全新的维度,从而为学科知识做出贡献;这种方式其他表现形式几乎难以达成。[③]

2)图解的几何性与维度

罗宾·伊文斯(Robin Evans)在其著作 *The Projective Cast: Architecture and Its Three Geometries* 中,把建筑学中的几何应用归纳为三种类型:测量性

① 沙拉帕伊. 建筑CAD设计方略:建筑建模与分析原理[M]. 吉国华,译. 北京:中国水利水电出版社,2006:5.
② 希尔,冯炜. 追逐阴影:非物质建筑[J]. 建筑师,2005(6):9-15.
③ 俞传飞. 从再现到模拟:《绘图的消亡:模拟时代的建筑》及相关文献的对比解读[J]. 建筑师,2018(6):106-111.

的、投影性的和象征性的。① 相对于传统实体模型这样的三维物理媒介,图纸和图解这样的二维媒介的处理,实际上更为经济,能够舍弃冗余信息,抓住本质特征,而不单纯是一种受限的无奈选择。立面图和剖面图那样的二维投影,展现的是某种恒定的基于理性主义原则的几何关系。透视图则是从个别、偶然的视点反映空间在经验和感觉上的秩序关系。轴测图一方面兼具前二者的几何信息和秩序关系,但更反映出现代艺术和现代主义建筑中独特的观看方式和对空间关系的理解,成为某种观念和风格的象征(图2-4)。②

图2-4 艾森曼轴测图示例

不同的空间维度和空间概念,也体现在东西方不同的空间绘图之中。吴葱在其博士论文《在投影之外:文化视野下的建筑图学研究》就曾提及,中国人的空间理解并非时空分离,而是一种审美的、诗性的、融入了时间因素的经验时空;西方的欧几里得几何空间,则是一种抽象化、定量化的所谓均质、连续、恒定的物理世界。因此,中国的再现是与具体时间、地点和意义相关联的定性化的"存在空间";西方的再现则是基于科学美学抽象精确的,基于数理逻辑的定量化投影。

建筑图解的上述对过程乃至阶段性成果表达的抽象性与知识性,以及其不同维度的时空体验,也都在数字技术的普及,尤其是不同运算算法的应用支持下,获得了新的拓展。

2.2.2 规则与算法

1) 图解的算法拓展

长久以来,不同于其他设计需要为具体问题提供明确的最优解,建筑所需

① EVRNS R. The projective cast:architecture and its three geometries [M]. Cambridge:The MIT Press, 2000.
② 吴葱. 在投影之外:文化视野下的建筑图学研究[M]. 天津:天津大学出版社,2004.

要解决的问题，都是模糊、开放和不稳定的，也就缺乏特定的设计目标。建筑设计的试错过程，严重依赖于知识、经验和直觉。算法拓展了人们的思维局限，带来了新的设计思维方式。它让设计过程理性化、清晰化。计算机辅助绘图和设计逐渐普及的过去二十多年里，建筑已经从基于人工和工具的设计实践专业，变成了计算机驱动的基于形式的设计和全球化的实践活动。

传统建筑图纸通常包括二维的平立剖面、构造详图、三维轴测透视，以及关系图解等。而过去漫长的岁月里，建筑师都是依靠这套体系和方法手段将设计意图和专业信息传达给相关专业人员（结构、水暖电、建造施工等）和承包商、甲方业主。正如罗宾·伊文斯（Robin Evans）所说，建筑师总是通过某种介质（通常是图纸和模型）来对设计对象进行操作，而不是像画家和雕塑家那样，直接与其对象进行接触。[①]斯坦·艾伦（Stan Allen）也认为，图解不仅是反映事物运转方式的抽象模型，更是一种对建筑所包含的各种元素之间潜在关系的描述。[②]

建筑的空间、形态乃至结构特征，其背后的逻辑，过去是通过欧式几何进行体现和操作，现在则越来越多地通过计算机算法加以控制。然而随着设计的意图、性能要求和建筑项目的复杂性呈级数上升，对于更具关联性，联络更为紧密高效的设计方式和方法的需求，以及与此相对应的数字信息媒介和设计系统的要求，就更为迫切和明确（clear and present）。

近年来的运算设计（design computation）和数字建造（digital fabrication）方面的发展，不仅是工具，也是技术（包括设计逻辑）的新体系。运算设计和数字建造的逻辑，旨在整合设计、建造和使用等之间的对话，并由此影响设计操作的过程和结果，最终整合为一个整体的系统和逻辑体系。[③]

2）规则的逻辑体系

逻辑体系自然需要规则的制定和算法的运行（图 2-5）。常规传统设计，是静态的、结论性的、完整的、稳定的组织，是对预见性结果的描述，而非对变化规律和规则的研究和操作，常常出现功能失调、无法应变的困窘；而当代甚至未来的数字化参数化设计、生成设计、运算设计，则是动态的、互动的、可调节的、能够面对发展需求甚至灾难变化的研究和操作。

建筑的运算，或者说空间的运算化，转换的是空间生成的逻辑和流程，需要超越那些预设的工具软件的限制。建筑的设计，有可能不再仅仅是形式主义或唯理论的天下，而是智能化的形式和有迹可循的创造过程。算法也不只是电脑程序的运行，一连串程序或语言的代码，而是反映着深层的哲学、社会、设计和美学的理论构想。

① ROBIN E. Translations from drawing to building and other essays [M]. Cambridge：The MIT Press，1997.

② STAN A. "Notations + diagrams：mapping the Intangible" from practice：architecture，technique and representation [M]. London：Routledge，2009.

③ 袁烽，里奇. 建筑数字化建造[M]. 上海：同济大学出版社，2012.

程序员为设计者开发和设定了工具的功用和限制。某种意义而言，辅助设计软件的开发者，是设计系统的设计者，是元设计者。……计算机的算法逻辑总显得理解困难，是因为建筑师总舍不得设计中的艺术敏感和直觉玩闹。而算法则是抽象和通用的数学手段，理论上，能用于处理几乎任何类型的对象。算法并非最终产品，而是探索的工具。[1]

但若稍加反思就可以看出，这里存在两个问题：① 现有（或将有）的电脑软硬件运算能力，真的足以将建筑设计需要的信息和数据都能充分编码运算生成吗？② 建筑设计所考量的内容，真的都适合用参数变量的方式通过算法程序进行逻辑化运算吗？

目前为止，算法和程序能够理性化和清晰化，或者说参数化的设计因素和信息实在有限。严格来讲，设计真正考虑的东西，那些赖以找形的参数，真的跟设计密切相关吗？还是仅仅只是形式本身的自洽逻辑游戏？参数化设计真的让建筑产生的过程，变得脱离直觉和经验了吗？因为他们决定了设计师用此类工具能做什么、不能做什么。越完备（傻瓜）的工具，越简单易用，但功能也就越明确，限制越多；越底层的工具，越自由，可能性越大，便捷性越差，上手成本越高。最底层的，是思维本身；紧挨着它的，是手工工具……目前的编程生成工具，亦然。

所有这些有关规则和算法在建筑的设计与生成中产生的影响，甚至问题，都要通过相应的数字图解加以表达和呈现；或者说，建筑的数字图解背后的逻辑，正是相关规则和算法。有关建筑数字图解的具体相关规则与算法，本书的第 2 章相关部分会展开进一步的详细介绍和探讨。

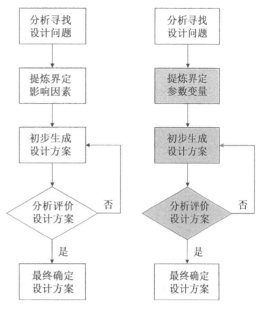

图 2-5　运算逻辑框图示例

2.2.3　共时性与历时性

1）共时性绘图与历时性体验

绘图是二维平面的，现实空间是三维立体的，乍一看这是个难题，但其实这恰是绘图的优势所在。虽然我们对建筑的体验是历时性（diachronic）的，而绘图是共时性（synchronic）的；但绘图却可以通过一系列共时性的画面表现，捕捉到我们的历时性空间感受，让我们借此研究和讨论其中的空间联系。[2]

① TERZIDIS K. Algorithmic architecture [M]. London：Routledge，2006：54.
② SCHEER D R. The death of drawing：architecture in the age of simulation [M]. London：Routledge，2014：58.

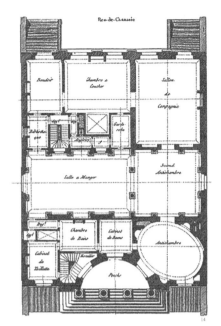

时间和运动要素的介入扩大了图解的功能,气流、光、水等无固定形态的形式内容,声音、神经传感等非形式性内容,乃至于速度和时间都得以在设计图解中被形象化和空间化。

19世纪晚期维奥利特·勒·杜(Viollet le Duc)第一个在建筑平面中用虚线来表示运动……到19世纪末,在布鲁诺·陶特(Bruno Taut)、瓦尔特·格罗皮乌斯(Walter Gropius)、汉斯·迈耶(Hannes Meyer)等人的实践下,功能流线图解和表达运动的虚线得以在建筑设计过程中大量出现。①（图2-6）

历时/时间、运动/活动等因素的介入,既有效扩大了传统图解的标识性内容和形象性,也能更好地契合数字图解的新特性。借助相关算法的运用和具体软硬件的交互操作,数字图解在共时性和历时性方向体现出人工操作的传统图解虽已具备却远未发挥的优势。

图2-6 勒·杜的建筑平面,包含了代表运动的流线图解

2) 数字化图解的共时性和历时性叙事②

数字图解具有两个明显的表达特性:结果的多样性和循环的渐进性。数字图解的这两种基本表达特性,使得数字图解在用以设计过程的交互表达时兼具两种不同的叙事方式:共时性叙事和历时性叙事。

结果的多样性在数字图解的叙事中以共时性的叙事方式呈现出来。结果的多样性是指研究对象在时间维度上处于相对静止的状态时,对设计对象的操作是横向共时展开的叙事,旨在说明事物在某一特定时段中,呈现的多种可能性状态和结果。而所有可能结果叙事的呈现时间是相同的,也就被称为共时性叙事方式。

在数字图解的共时性叙事中,多样性结果呈现了相互独立并列的多个不同个体,为分析和比较提供基础;共时可以保证图解叙事对象在时间维度上的一致性。多样与共时是数字图解共时性叙事的基本特征(图2-7)。

图2-7 多样与共时示意图解

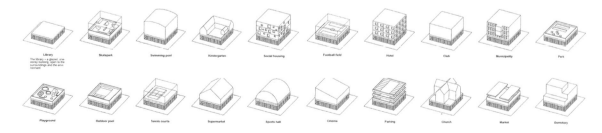

循环的渐进性在数字图解中则是以历时性叙事的方式表达出来。和结果

---

① 童雯雯. 图解法在现代建筑设计中的典型运用方法解析[D]. 上海:上海交通大学,2009.
② 俞传飞,伍伟侨. 当代建筑数字图解的交互叙事性及其应用解析[C]//2016年全国建筑院系建筑数字技术教学研讨会论文集. 沈阳,2016.

的多样性不同的是,在循环的渐进性中时间维度是变化的,以动态的形式呈现不同阶段或步骤的结果,叙事表达是以纵向递进的方式呈现。通过循环渐进性的方式展现设计对象在时间延宕中发生了状态的更迭演进,因为叙事的时间是动态变化的,所以可以称为历时性叙事。

历时性叙事的个体间的关系具有明显的逻辑关联递进。这种渐进性,反映了设计结果在量变过程中,经过不断演进渐渐发生的质变。而其中的历时性,则表明叙事产生的动态结果,是随着时间发生变化的。渐进和历时,构成了数字图解历时性的叙事基础(图 2-8)。

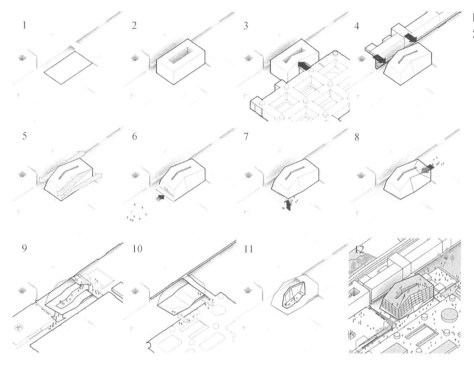

图 2-8 渐进与历时示意图解

有关建筑数字图解的共时性和历时性操作流程,本书的第 4 章相关部分会具体展开进一步的详细介绍和探讨。

2.3 从静态图像到动态交互——数字影像

如果说数字化图解兼具共时性和历时性叙事表达方式,那么数字影像带来的则是更具有操作性的动态生成和交互体验方式。正如格雷格·林恩(Greg Lynn)所言:"动态(animation)的定义包含了形式进化的过程和赋予它形式的力量。在以前,建筑的静力学特征使许多建筑师对动画产生抵触情绪,然而就像微积分给数学带来新生机一样,动画将把建筑从一个静力系统带到一个动态组织(dynamic organization)中。"[①]在不断涌现的数字技术媒介的催

---

① LYNN G. Animate form [M]. New York:Princeton Architectural Press,1999.

生下,利用动态影像技术辅助建筑表现的地位也愈加凸显。

2.3.1 时间维度的介入

1) 影像与建筑在时间维度的同构

和图解在二维向度对历时性过程的展现不同,影像作为以时间为基础的表达形式,对时间维度的操作是叙事和感知的天然根本。作为当代建筑空间设计表达的手段与方法,影像与建筑在感知和操作等层面具有同构性。一方面,建筑与影像在感知体验过程中,都具有天然的时间性;另一方面,时间维度作为二者共有的特性,使相关操作手法的转译成为可能。随着数字技术的不断更新,数字影像的空间表达,在时间维度的组织结构和构成要素都在不断拓展。

建筑时间维度的体现需要感知建筑空间的主客体,即感知主体和建筑空间客体共同作用。从感知主体角度,人的运动实现空间的流动和延展,赋予建筑空间以时间性。使用者在空间中的驻足和流动,主观地改变着空间感知的节奏和顺序。同时,空间能够引发主体感知和回忆,记忆和情感的唤醒是建筑时间维度的重要体现。从感知客体角度,建筑本体对时间维度的表现通过建筑构成要素的组织和设计,以建筑色彩、材质、光影、空间序列等建筑空间要素共同作用,构成感知客体,表现时间性特征(图2-9)。建筑空间在主客两个层面的时间属性,都可以通过影像,尤其是具备交互操作性的数字影像,加以感知体验乃至操作处理。

图2-9 影像序列展现的空间在时间上的变化(延时摄影及其中反映的人物活动)

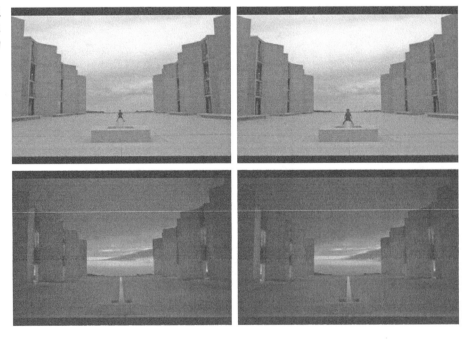

2) 使用者空间活动与感受的介入

建筑空间的问题往往具有不确定性,而对某些设计问题的解决方案通常可用多元化的标准和评估要素加以判定。通过虚拟人在空间中的活动,将人们对建筑元素产生的动态心理反应变得可视化。诸如美学价值、功能实用性、舒适性等等一些模棱两可,甚至无形的空间特质,在实际用户使用体验前往往难以预测。利用人体工程学所设计的虚拟人来模拟人的行为模式,有可能在建造实际的物理空间之前利用模拟影像对空间的效能加以测试,进而把设计师的注意力转移到人的行为与使用体验者的角度。

建筑师能以常规的空间操作方式做很多事,但也过多痴迷于形式,因而导致他们忘记了空间的主角应该是人,人才是他们为之服务的真正对象。仅用现有的方法观察空间,很难说出设计的元素究竟是否有助于建筑的性能和使用。① 区别于传统静态空间表现工具,四维空间描述可以呈现物体的速度、运动、时间流逝、光影变化等特性。场景中代理人物的交互能提供空间的深度和物理的尺度。电影中相机镜头的运作通常依赖场景中的事件来驱动,它们也能帮助人们建立身临其境的感觉。在运动中渲染表达事件的此类特质通常是电影独具的优势。这种情感的投射能将人们的立场从旁观者转变为现场的参与者。这种潜伏于电影艺术中客观存在的虚拟层面,有可能成为包括建筑设计空间表达在内的多种创造性活动的一种极好的表现方法。

2.3.2 交互操作的拓展

数字影像除了具备传统影像的时间性和动态感,更具备了让使用者和体验者参与其中的操作性和交互感。正是交互操作方式在空间表达中的拓展,又让传统的空间体验和设计操作,具有了新的维度和可能性。

1)读书、看图、观影、网络浏览 —— 不同交互操作的比较

传统意义上的读书,是线性过程;但这一过程又可以反复或跳转,类似网络时代的网页浏览超文本阅读。看图则是一目了然的全局活动,更多在整体和局部的缩放游移;之前讨论过中国画中的卷轴又与此不同,具有时间性展开和调节互动性质。

观影的过程则不同于阅读的过程。观影完全被电影编导的节奏所控制,难免会让不同观众感受被动,如动作场景节奏过快等;阅读则可以由读者自由控制阅览品读的节奏,对于吸引自己的情节画面可以细斟慢酌,对于有些内容又可以一带而过。这也正是不同的媒介本身和人互动的不同特点。而包括网页浏览、应用操作在内的互动,则进一步丰富了主体与其交互对象之间的关系。

数字技术领域的交互性(interactivity),简单地说是指计算机软硬件与用户之间的互动操作性。我们通常提到的"交互"一般是指"人机交互"(Hu-

---

① 邓昕,许亦君. 空间的重演者:在建筑空间中行走的虚拟人[M]//陈寿恒,李书谊,洛贝尔. 数字营建:建筑设计·运算逻辑·认知理论. 北京:中国建筑工业出版社,2009.

man-Computer Interaction，HCI）。人机交互技术（Human-Computer Inter-action Techniques)是计算机用户界面设计中的重要内容之一。它与认知学、人机工程学、心理学等学科领域有密切的联系。

传统数字媒介的窗口、图标、菜单、指示（Windows，Icons，Menus，and Pointing，WIMP)交互方式已经成为人们的行为习惯，而以更新的 iPad 为代表的，尤其是 iPad 带来的"大"尺寸无键盘多点触控方式，为长久以来典型（Windows 电脑用户界面）的交互方式的打破和创新，提供了新的机会和可能。在这种新的思路之下，新的数字交互设备强调的是——好的用户界面（User Interface，UI）应当降低 UI 本身的存在感，从而突出用户真正关心的内容。版式依赖型的交互内容将成为浏览互动的主要对象，而非过去的版式无关型纯文本信息。文本操作不再强调"文件"的存在及其操作，而是追求对象的实物感。操作工具在大尺寸界面下可以和内容以漂浮窗口等方式精简并存，方便而无切换无干扰。新界面的视觉稳定性将融合"卡片"的精美布局和"卷轴"的无缝延展。界面越接近真实世界（包括动态模拟、物理规则、材料质感等），学习成本越低越易用（图 2-10)。

图 2-10　数字交互方式图示

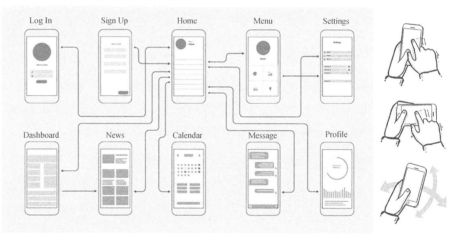

2）实时渲染引擎和虚拟现实技术 —— 空间表达的交互操作

上述交互操作和体验方式，当然远非普通阅读浏览，它们也影响空间表达的交互操作，其实包括设计过程的操作和体验过程的交互。

通过不同制图建模工具和渲染引擎的工作界面，设计者可以操作相关空间对象，获得实时的直观反馈。网络大数据的可视化操作，能将过去繁杂、晦涩的数据信息，转换为清晰可辨的直观图形，供设计者进行比较、分析和判断。

伴随着计算机技术的日新月异，虚拟现实技术中的人机交互部分也不断地向前发展，视点跟踪技术、手势识别技术、语音识别技术、动态动作捕捉技术等方兴未艾。设计生成的空间场景，可以借由实时渲染引擎和虚拟现实技术，让使用者与其进行不同程度的体验和互动。除了常规的行走，虚拟的相机可以让空间的体验者在其中以任意位置、高度和视角,甚至任意速度,进行观察;另一方面,通过特定的剪辑组织或脚本安排,搭配丰富的多媒体多感(听觉、触觉、味觉等)因素,空间的体验者还能获得超出日常的体验和感受(图 2-11)。

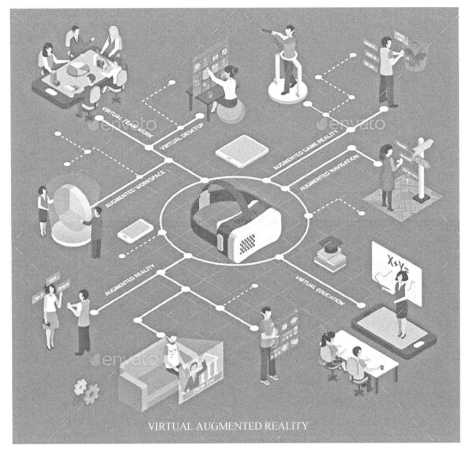

图 2-11 "虚拟增强现实"的空间交互方式

　　对建筑空间数字影像的不同技术、素材的运用,数字空间影像的逻辑与要素特性,乃至空间影像体验与表达,都将在本书下篇结合一系列事件,通过操作案例的解析加以介绍和探讨。而上述针对建筑数字图解和影像表达的诸多理论背景概述,自然还需要更为具体的内容和技术细节加以支撑和阐释,读者可参见后续相关章节的讨论。

上篇　建筑空间的数字化图解

3　建筑图解信息：问题、数据的可视化

当代生活就是一个符号化的过程。——鲍德里亚(Jean Baudrillard)
法国思想家

建筑设计的依据和信息来源，乃至处理因素和对象，都是在不断依时依势而变的。传统设计方法以感性、经验决策为主，过去通常是自上而下的先验式的决定论判断。现在越来越多地来源于自下而上的统计、分析和计算。数字设计方法中，除了通过数字化模拟方式取代传统表达内容，更重要的是，充分利用数字技术高速高效的计算和信息处理方法和手段，帮助设计者和决策者，对纷繁复杂的设计条件和相关信息进行搜集、处理、分析。

建筑空间的形式来源，也从古典时期的强秩序(统一、对称)，历经现代主义的形式美规律(匀称、均衡、韵律、活跃变异)，到后现代和解构时期的反思(极简、混杂等)，乃至当前利用数字运算技术探讨的、向自然界和动植物生长演变规律借鉴的形态生成。

传统信息处理方式，追求精而好、少而优，一方面是信息获取筛选处理的技术手段有限，另一方面是观察理解世界的方式(精确、明白的因果关系等)所限；随机抽样总是力图通过最少的数据获取最多的信息，只是一条不得已的捷径，其结果也缺乏延展性。传统数据处理，最基本、最重要的要求就是减少错误，保证质量，因此追求正确性和精确性。那是在有限信息和模拟技术时代的典型思路。

数字化信息网络带来的数据信息巨量化提升，带来本质性区别 ——获取和处理信息的搜集、储存、运算技术手段日新月异，多而杂、模糊相关的信息处理方式带来迥异于传统的新手段和新的收获，获得更好的结果。大数据时代的信息处理方式，更多呈现出从抽样到全体、从精确到模糊、从因果到相关等不同趋向。[①]

相关设计信息的数字化和采集分析，为设计决策提供新的重要依据。本章首先梳理建筑数字图解的主要数据和信息来源，其中既有传统方式的数据

---

① 迈尔-舍恩伯格，库克耶. 大数据时代[M]. 盛杨燕，周涛，译. 杭州：浙江人民出版社，2012.

统计信息,也有设计操作过程中的运算处理信息,更有方兴未艾的网络大数据采集信息。各类数据信息都可以通过数字图解,结合不同处理工具或算法规则,进行不同方式的可视化转换与数据分析,将复杂、晦涩、抽象的数据信息,转换为简洁、直观、具象的图形图像,进而为相关建筑空间的设计和操作,提供有力的支持和表达。

3.1 数据统计信息——分类整合

建筑相关数据通常包括多方面信息,如环境信息(气候、地质、植被等)、技术信息(材料、工法等)、人文信息(社会、宗教、文化等)、用户信息(活动、行为、交通等)。从数字图解的可视化操作而言,数据统计信息的三种主要典型代表则包括基于问卷调查和访谈问答数据的交流类信息、基于现场观测和统计分析的观测类信息和基于档案案例论文等文献计量的资料类信息。

3.1.1 交流信息——问卷调查(问答、访谈数据)

传统问卷是实证研究的常用调查方法之一,以此可以获取诸多不同种类的数据信息。在数字网络时代,研究者可以凭借网上在线问卷搜集相关信息,并直接将其转换为易于进一步处理的格式数据。调研结果可以直接生成特定格式的数据库。研究者可以将结果进行处理,设定编码格式,进行相关定量分析,诸如回归分析、结构方程模型分析等等。[①]

比之通过问卷调研等交流方式的信息获取技术方法更重要的,可能是问卷设计和提问的角度,这些都会直接或间接影响问卷交流所能获得的专业和非专业数据。由此提取的相关信息,自然也就在不同程度上影响着后续的相关内容,并因此反映在具体的图解表达之中。

问卷交流信息的具体应用方法,自有相关专业著述进行介绍。本节专就服务于具体建筑设计相关领域的数字图解信息处理,结合东南大学建筑学院的"数字化技术与建筑"(本科四年级)、"数字化建筑"(研究生一年级)两门课程2016—2021年数百位学生的相关问卷调查数据进行示例探讨。

日新月异的相关建筑软件,给专业研究和教学带来不断更新的技术支持和挑战。在此对上述问卷交流获得的数据信息,运用数据可视化图解、图表整理分析等方法,尝试从工具与技术的变化、应用中的问题及趋向等不同方面,对数字技术在建筑专业教学领域,尤其是计算机辅助建筑设计(CAAD)工具在建筑设计与研究领域的教学应用问题进行梳理。具体而言,也就是对相关软件工具在建筑专业教学活动(课程和设计)的具体应用状况,及其对相关专

---

① 诸多专业量表的信息类型和分析方法不必一一列举,基本信息分类包括主观/客观和结构化/非结构化两个维度。

业人士、设计者和教学师生的影响,这些庞杂的问题进行探究和分析。

1）问卷的组成与设计

问卷结合建筑数字化设计的操作流程及主要相关环节,具体包括制图与建模、渲染与动画、图像后期处理、影像后期处理、生态模拟分析、参数化建模、脚本编程、建筑信息模型（BIM）与协同设计、实时交互引擎、地理信息系统（GIS）与城市建模、传统技能（图3-1）。上述分类除了建筑设计建模表达的基本流程（制图、建模、渲染）,还包含了诸如绿色建筑的性能模拟分析,从参数化建模到脚本编程等不同程度的数字化设计辅助技术,以及数字信息处理在不同维度（动态交互）和不同尺度（城市地理）的拓展。

需要说明的是,这既是一份软件使用信息的搜集问卷,对于问卷交流和访谈对象而言,其实也是一份当下主要相关数字化建筑设计辅助工具/技术的列表信息,借此可供了解学习设计流程不同环节的主要工具乃至技术方法。可见问卷交流信息是作用于双方的,它对问卷者是信息搜集途径,对答卷者则不啻为信息提供来源。

除了调研信息选项,就交流信息而言,更重要的可能是针对各选项的赋值量化。借助李克特量表（Likert Scale）[①]原理,将调研对象对不同工具的了解熟悉程度分为精通（包括插件）、熟练（会快捷键）、基本运用、接触过但不会用、没听说过五个类别,并以中档0值为基准,赋予从高到低五个分档（2、1、0、-1、-2）。这样就能在随后的均值统计中,比较分析不同工具的普及状况。

图3-1 软件使用状况调研表格（局部）

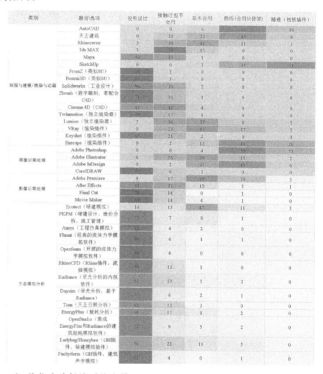

注：单位为选择该项的人数。

2）结果数据的可视化分析

这项问卷调研的原始数据在2016—2021年的5年间共计获得397份有效结果,其中调研对象包括不同年级的建筑学及景观学不同专业同学,结果具有一定的代表性。相较于线上电子问卷信息方式的快捷精准,更早的问卷虽然也是电子文件方式,但都是线下搜集并人工统计。

问卷结果数据被用以进行历时性的时间线比较和共时性同年同批比较。

---

① 一种在社会调查和心理测试等领域中使用的态度量表形式,通常将被调查群体的平均社会意向及态度分类赋予不同分值,然后累加总分取平均值,以获得该群体对某事物的平均意向。

图 3-2 2016—2021 年软件工具使用状况及变化趋势图解

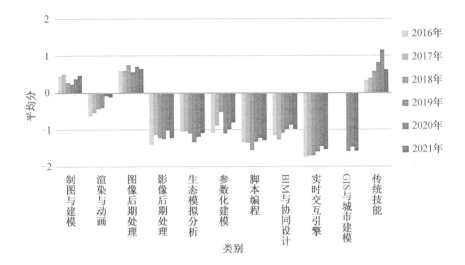

历时性比较反映出过去数年来的整体变化及其趋向,结果以单项或多项柱状图解方式表达(图 3-2)。虽然其中的主流软件使用状况,不出所料符合人们日常的感性印象,比如 AutoCAD 和 SketchUP 这样的制图建模软件占据绝对优势;但相对精细的数据化问卷在柱状图解中反映出更多微妙的变化。比如除了渲染动画和影像后期处理的逐步流行之外,对于以 Rhino ＋ Grasshopper 这样的参数化建模工具和基于 BIM 的协同设计工具,同学们虽然熟练程度仍然欠佳,但分值却在逐年上升逐渐加强;而学习成本相对更高的脚本编程和 GIS 等跨专业工具,其普及应用尚需时日。

对 2018—2019 两年软件使用统计数据进行同一标准评分,"影像剪辑/特效处理"等软件的掌握程度有明显提升,或许能够从其结果来看(图 3-3),整体而言同学们对各类软件的掌握情况虽变化不大,但对于"互动媒体/游戏引擎"从侧面反映对于设计成果的呈现方式,正在更多地逐渐转向动态化。

图 3-3 2018—2029 年软件工具使用状况及变化趋势图解

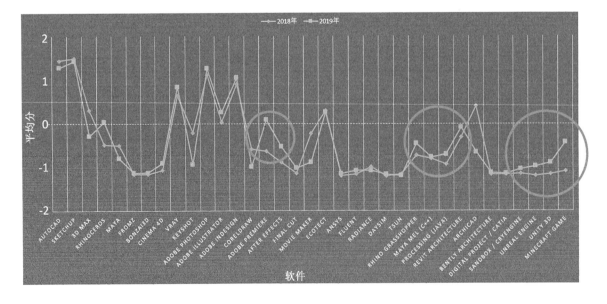

3) 数字图解分析的问题与讨论思考

基于以上问卷数据信息的可视化图表分析,可以发现软件工具使用状况的变化情况,及其与建筑及相关专业发展到某种关联。而这也许正是数字图解从相关交流信息中所能发掘的研究价值。

(1) 软件工具的迭代升级与软件技术应用的相关性分析。如建筑表现常用的渲染器,从 2018 年前以中央处理器(CPU)渲染为主流的 Vray 工具,逐渐转向了以图形处理器(GPU)渲染为主的实时渲染工具,包括 Lumion 这样的独立渲染工具,以及 Enscape 这样可以适用于不同建模平台的实时渲染插件(图 3-4)。其他渲染器虽然各有擅长,但在至少国内建筑专业教学应用中,则鲜有同学问津。

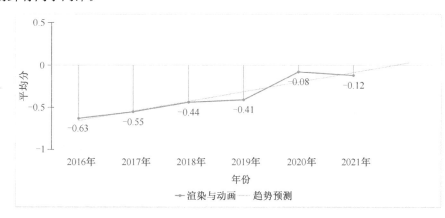

图 3-4　2016—2021 年渲染与动画软件工具使用状况比较图解

(2) 与行业技术发展应用状况的关联分析。建筑信息模型(BIM)早已在建筑及相关专业领域成为大势所趋甚至通用标准之一,但在学校教育范围却并不令人乐观。几乎所有同学对基于 BIM 内核的相关软件工具都并不了解,或者即便有所知悉,却也并不熟悉,更谈不上掌握(图 3-5)。部分原因,可能来自 BIM 技术本身在行业应用中的整体性要求——包括设计环节在内的上下游及横向专业合作中,参与其中的环节越多,越能凸显 BIM 的高效和优势特点;反之而言,在片段式分解动作的训练为主的专业教育中,很难让学生在课程设计中体会和实现上述根本优势。

图 3-5　2016—2021 年 BIM 与协同设计软件工具使用状况比较图解

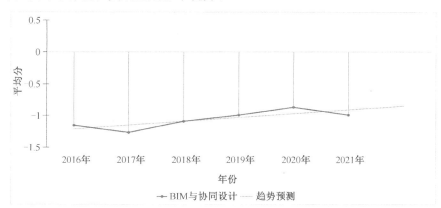

3.1.2 观察测量信息——调研统计（现场、环境、活动数据）

基于现场调研观测或相关统计分析的数据信息，是建筑设计的主要基本信息来源。相关讨论汗牛充栋，但无论是基于传统设计方法的人工调研处理，还是结合不同数字技术方法进行的计算机辅助建模分析，其在设计初期常以分析图解的方式表达呈现。而数字图解的应用，更使得相关的调研统计数据信息，更为高效直观地作用于后续的不同设计环节和进程推演。

1) 现场观察记录数据的统计及其应用

建筑设计的基地调研，常常通过现场观察记录基地内外及周边的交通人流车流、人群活动状况等信息，并将其作为相关设计的流线组织依据。近年来更有学者利用人因工程相关理论，结合虚拟现实和人工智能的眼动跟踪等技术，记录和模拟现场设计影响因素。

早在多年前，清华大学的徐卫国教授及其团队，就在清华大学建筑学院的三年级课程设计练习中，指导学生在不同基地环境中，结合多种设计因素进行观测调研或数据采集，并通过多种数字建模方法转换成设计雏形[1]。其中有针对视觉要素的心理评价，运用 Matlab 平台的 M 语言建立调研数值和建筑空间图形的关联转换；也有针对人流活动和功能需求信息，运用多代理系统（MAS）和流体力学分析软件，模拟人流分布生成建筑体量形态；还有针对场地车流出入口和速度条件信息，利用 Maya 的粒子系统模拟车行轨迹生成建筑形体（图 3-6）……

图 3-6 针对场地人流分布、车流轨迹等数据进行的模拟分析图解

---

① 徐卫国，黄蔚欣，靳铭宇. 过程逻辑："非线性建筑设计"的技术路线探索[J]. 城市建筑，2010(6)：10-14.

2）数据统计分析研究的图解

库哈斯在西雅图图书馆的方案概念分析图解中（图 3-7），就针对传统图书馆不同功能空间的零散分布状态进行了数据统计可视化图示，并通过对零散空间的"碎片整理"统筹优化，实现图书馆使用功能和空间序列的重组。

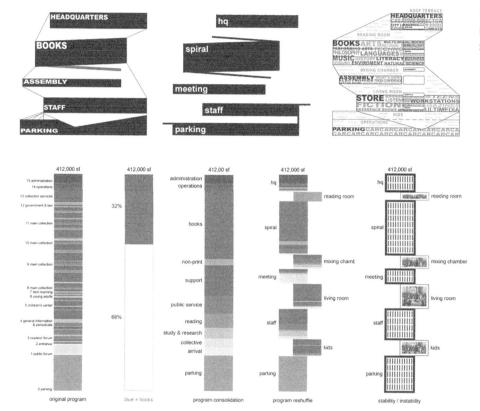

图 3-7　西雅图图书馆的功能单元面积优化组织分析图解

而以数据处理见长的著名当代设计团队 MVRDV，更是凭借"数据景观"（Datascape）在其不同设计方案中的运用而被人熟知（图 3-8）。

图 3-8　MVRDV 的研究项目特大城市/数据古城（Megacity/Data town）图示

虽然这一部分的案例，在数字技术的应用范围而言，可算古早甚至略显陈旧,但却依然不失其典型性和代表性。甚至,这也从某种角度说明,在同等量级和阶段的技术应用而言,工具方法的更新带来的质变影响,也须并没有人们常常误以为的那么大。

3.1.3 资料检索信息——文献计量(案例、期刊、论文数据)

1) 通过关键词检索并加以可视化分析的数据信息

文献计量分析,常常通过关键词检索,对特定范围的期刊会议论文、案例资料库和数据集进行提炼,并以此为依据,运用特定软件工具进行数据的可视化分析图解。采用针对大样本文献的学科动态分析方法,利用文献计量和可视化分析软件 VOSviewer 对大量检索文献进行可视化分析。[1][2] 该软件适用于针对大规模数据的关键词分析,可借此探寻相关研究的热点议题和发展脉络。相关研究者就利用 WoS(Web of Science)数据库,对世界范围内建筑技术研究发展进行动态分析,利用文献主题词及关键词组合进行特定时间范围内的检索,并将筛选文献导入 VOSviewer 软件以数字图解进行分析(图 3-9)。[3]

图 3-9 文献计量关键词共现的重叠、聚类和热力分析图解

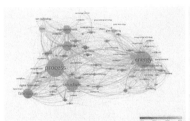 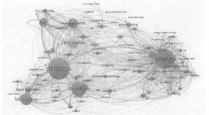 

关键词年份重叠分析:
反映研究主题在一段时间内的变化

关键词共现聚类分析:
反映学科发展的主要方向

关键词逆向文件热力分析:
反映建筑技术领域的研究新动向

其实这一类信息,在大多数学术论文的文献综述阶段,都会或多或少有所涉及——因为几乎每一个建筑设计及其相关研究的问题,在研究之初,都需要通过相关专业资料的检索,了解研究对象现阶段的研究现状,并对其进行综述。而相关学术领域的知识谱系、热点议题,乃至研究演进,又大多可以借助上述工具方法,凭借数字图解的可视化分析,加以直观展现。

2) 针对权威或代表性图源进行的检索分析

除上述通过关键词、主题词进行检索和可视化分析的数据信息,还可以针对特定范围或界定的图像信息进行检索分析。笔者在对江南建筑文化的相关研究项目中,为了了解现当代江南建筑在全国范围内的影响,专门针对权威杂志如《建筑学报》自创刊以来的封面图片进行检索,并提炼统计其中不同省份

① 孟海星,沈清基,慈海. 国外韧性城市研究的特征与趋势:基于 CiteSpace 和 VOSviewer 的文献计量分析[J]. 住宅科技, 2019,39(11):1-8.
② 李志明,冯琳惠,沈瑞馨. 国外空间句法研究演进与前沿领域的知识图谱分析[J]. 规划师,2019,35(8):5-11.
③ 王祥,李可可,姚佳伟. 数字文化下的建筑技术研究与教学发展现状[J]. 时代建筑,2020(3):50-57.

的建筑作品分布,尤其是江苏江南地域建筑在其中的比重(图 3-10)。

各年代封面数目全国前五位省份

1954—1978改革开放前		1979—1991改革开放后		1992—2002南方谈话后		2003—2011新世纪		2012—2022后时代党的"十八大"后	
北京市	19	北京市	28	北京市	24	北京市	37	上海市	16
上海市	5	广东省	13	广东省	12	广东省	15	北京市	14
广东省	5	江苏省	6	上海市	7	江苏省	11	江苏省	12
江苏省	3	上海市	6	山东省	4	四川省	7	浙江省	10
浙江省	2	陕西省	5	江苏省	3	上海市	6	广东省	8
其他	15	其他	27	其他	13	其他	28	其他	45
总数	54	总数	85	总数	64	总数	104	总数	105

日渐成熟和普及的人工智能机器识别技术,当然也可以帮助设计者和研究者从特定样本容量中读取相关信息,甄选需要的数据。但至少目前相关技术仅能直接读取图面信息,如建筑图像的色彩、轮廓甚至风格;而对图像信息对象背后的相关数据,比如图像中建筑对象的设计者、归属地等关联信息,则需要更为完备的进一步数据关联。

图 3-10 《建筑学报》封面建筑归属地数据分析图解

3.2 运算处理信息——逻辑生成(参数变量)

从建筑信息的内容层面而言,设计的操作对象包括可量化信息和难以量化的信息。建筑设计和建造变成了大量相关专业信息的运作,建筑信息变成可运算处理的数据,就可以对设计各个方面的性能表现进行量化评估,还可以消除项目信息运作中的模糊低效;而后者正是传统建筑技术制图领域的通病之一。从传统制图到数字图解的根本性转变之一,正是设计信息处理对象不再是基于模糊思维的片段式结果呈现,而更多是基于逻辑运算的过程图解和生成操作,其中的关键,则是逻辑生成的主要操作对象——可量化的参数变量。

3.2.1 "参数"的两个应用层面

建筑模型中的所谓"参数",有一层传统意义上的本意,也就是特定建筑对象(门窗、构件等)的相关数值设定,如尺寸、数量、角度等。这在传统计算机辅助制图和建模工具中,几乎是标准配置和设定。

但更大意义上的建筑参数,也就是通常提及的所谓建筑参数化建模中的参数,更多是指将设计的相关影响因素通过编程运算的方式转化为参数(变量)加以控制和操作,以此为形态生成(找形)的依据。当前建筑设计领域的诸多参数化建模与设计方法,通常是对设计过程中选取的特定因素进行参数变量设定和调节。参数调节的操作和处理,通常都是以动态序列图解的方式加以表达、分析和选择的。从这个意义上说,动态可变参数的交互操作,正是对建筑设计的影响因素和相关信息进行运算处理。换句话说,数字图解一般并不直接操作形式,而是通过其他因素的操作(如流线、噪声等信息的视觉化处理)而让形式自然生成。

1)整体形态参数信息

格雷格·林恩最早基于动力学粒子系统对交通空间的整体形态进行动态模拟和形式生成(图 3-11)。[①] 后来的 UNStudio 则利用莫比乌斯带和三叶草这样的原型,针对空间交通流线组织进行参数化建模,进而推导出梅赛德斯·奔驰博物馆的内部空间结构和外部整体形态。类似案例不胜枚举。

图 3-11 林恩的粒子系统模拟动态人流生成交通空间形态图解

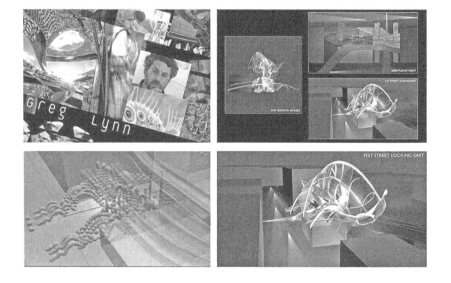

2)构件构造参数信息

通过不同建筑构件基本原型的数据操作和形态设定,将其与建筑形式的需求,如立面采光开口大小等因素相关联,结合立面构件阵列的位置排列和原型选择,运用相关构件参数信息。国内较早应用此类技术方法的建筑实例,有华汇建筑设计的天津滨海新区中心商务区于家堡金融区指挥中心办公楼立面处理(图 3-12)。[②] 结合大楼立面的不同功能分区,从最需要通风采光的办公

① LYNN G. Animate form [M]. New York: Princeton Architectural Press, 1999.
② 王振飞,王鹿鸣,尹国栋,等. 于家堡工程指挥中心立面设计[J]. 城市环境设计,2014(11):86-89.

区到相对封闭的设备区，立面构件以简洁明确的六组参数镜像为十二组，被赋予不同采光等级区域。整个立面的构件形态，只是通过一段脚本控制的参数信息加以控制。

图 3-12 天津于家堡金融区指挥中心立面图解

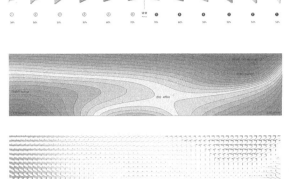

3.2.2 典型信息处理规则和算法

上述建筑相关的参数信息，都需要依据不同运算规则，借助不同算法加以处理。针对不同参数变量的相关运算信息处理，目前有一系列基于不同算法的逻辑生成方法。不同算法的逻辑生成，通常需在不同的专业软件平台，运用不同计算机语言进行编程，或利用封装的可视化编程模块，对相应的建筑问题进行逻辑演算，以生成所需要的设计结果。就数字图解而言，在算法逻辑编程中，不同算法成为编程运算的关键因素；而相应生成的数字图解，通常是为了展现算法逻辑的多种动态流程。建筑师常常需要根据不同设计需求，选取合适的算法，如多用于空间分割的维诺图形（Voronoi Diagram）泰森多边形算法，常用于演绎空间生成的植物生长算法（L-system）、分形几何（Fractal）算法、集群智能算法等。基于不同的算法选取的程序语言也不同，常用的程序语言和相应工具有基于 C＋＋语言的 Maya Mel、基于 Java 的 Processing，以及后来居上、被诸多编程工具青睐的 Python 语言等。①

本节以几个较为典型的算法，介绍讨论数字图解中的主要信息处理规则。

1）泰森多边形的空间分割算法

泰森多边图形是一种典型的几何命题和空间剖分构造方法，指平面（或空间）连接两邻点直线的垂直平分线划分而成的连续多边形。该算法的关键是一定空间范围内的离散数据点，可借此构建德劳内（Delaunay）三角形网络，常用于解决空间邻接分割等相关问题。"垂直村庄"方案是一个典型的泰森多边形算

---

① 伍伟侨，当代建筑数字图解的叙事性特征及其应用[D]. 南京：东南大学，2016.

法应用,它在二维平立面乃至三维立方体空间里,均借助该算法将空间分割为独立的体块空间,并通过参数变量的调节,筛选其中适宜人居活动的半正交体块。(图 3-13)

图 3-13　垂直村庄方案图解

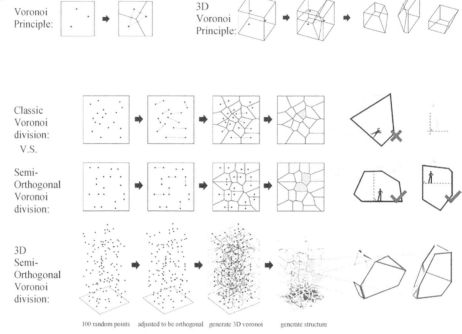

2) 分形几何系列生成算法[①]

分形其实是一个典型的数学命题,是非线性科学的重要分支。以分形为特征的几何形态被称为分形几何,其具有随机或自相似性的不规则几何形态常被用以描述自然界普遍存在的不规则对象,如山脉山川、海岸线等。分形几何形态的生成来自不断迭代的方程式,某种基于递归的反馈系统(图 3-14)。

图 3-14　分形几何建筑运用图解

① 挖屈鸡. 学术研究 | 从分区到参与,为什么分形学很重要 Mereology [EB/OL]. (2021-11-23)[2022-03-23]. https://mp. weixin. qq. com/s/bp3wJDMO3NRYQa6kaRdu6w.

3) 集群智能和多代理系统算法①

集群智能(Swarm Intelligence)算法是人工智能背景下,基于多代理系统发展出来的算法,用以处理具有集群特征的大量个体行为产生的信息数据。集群特征遵循临近原则、多样反应、适应性和稳定性原则。集群个体运动规则简单,但整体行为呈现复杂特征。其中的典型算法包括元胞自动机(Cellular Automated,CA)、蚁群算法(Ant Colony System)等,常用于研究细胞自生长规律、生物群体行为方式等,借以模拟大规模人流活动和复杂群体对象,及其在环境和空间中所产生的集群效应和相互影响(图3-15)。

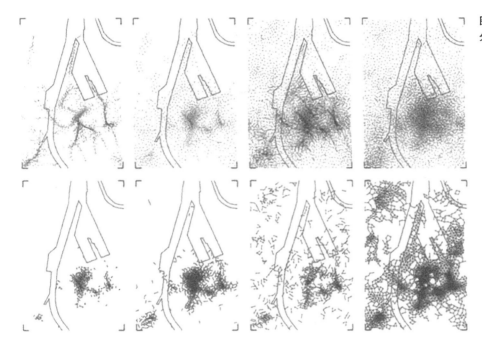

图3-15 集群智能设计分析图解

3.3 网络信息和大数据

除了观测或问卷交流统计信息,以及典型的算法规则参数化处理信息,在当下高速移动网络的日益普及下,网络信息及其带来的大数据,也成为设计信息的重要数据来源。近年来,信息通信技术的发展以及政务公开的推进使大量数据如雨后春笋般涌现,手机信令数据、公共交通刷卡记录等大数据和来自商业网站、政府网站的开放数据共同促进了"新数据环境"的形成。新的数据环境为城市管理、规划设计的转型带来了可能性。②而基于网络信息和大数据

---

① 袁烽. 从图解思维到数字建造[M]. 上海:同济大学出版社,2016.
② 本节讨论细节亦可参见相关文章:李宇阳,俞传飞. 从静态量化指标到动态数据评价:城市设计相关数据及评价标准的动态转变初探[C]//2020年全国建筑院系建筑数字技术教学与研究学术研讨会论文集. 长沙,2020.

的可视化图解,也就为当下从城市到建筑的相关专业设计提供了新的处理技术和方法。城市设计作为城市规划与建筑设计之间的重要承接和转换,其相关数据信息兼具上下两个尺度层面的特点。

本节试从传统指标和动态数据及其关联等方面进行简要解析。

3.3.1 传统指标和城市大数据

1)传统指标类别与特征

城市设计的上位规划,一般是控制性详细规划(以下简称"控规")。我国现行的控规指标体系则包括规定性和指导性两类指标:规定性指标一般为用地性质、建筑密度、建筑控制高度、容积率、绿地率、交通出入口方位、停车泊位及配套公共设施等;指导性指标一般为人口容量、建筑形式、体量、风格、色彩及其他环境要求等。城市规划与设计的传统专业指标包括用地面积、建筑面积、建筑高度、建筑密度、容积率、绿化率等等;建筑相关的信息数据,主要包含传统意义上的几何形态和物理物料信息,如开间进深尺寸、面积、层高/高度、声学、光学、热工、结构、构造、材料等。

但有关研究表明,控规体系中与城市设计相关的几项规定性指标对空间形态、环境质量等方面的控制作用十分有限[①]。实际上,在设计规划中这些数据指标并无高下之分;真正能够帮助设计者和决策者进行有效评判的数据指标,应该包括交通运行状况、环境噪声及景观效果、资源能耗平衡指标、场地和建筑可达性、用户使用满意度和舒适度、结构构造的可行性和经济性,以及城市街区和建筑运营的经济效益和房屋土地价值等等(图3-16)。换而言之,相比较于传统经济技术指标,可资评判比较的动态运行评价指标,更能在设计和评判时帮助设计者根据环境变化或方案修改的实时状态,结合系统动力学统和模块化联动系统的建立,实现动态数据更新的同步分析和反馈优化。

图3-16 城市与建筑数据从传统静态指标数据向动态运营和评价指标的拓展

传统指标		运营/评价指标
容积率 绿化率 建筑面积 用地面积 建筑高度 建筑密度 ……	静态 ➡ 动态	交通 噪声 环境 能耗 满意度 可达性 土地价值 ……

在城市设计阶段,除满足上述上位规划所制定的规定性指标要求以外,已经发展出一套相对成熟的城市设计分析评价指标。现有的相关分析评价指标可大致分为以下五个维度:① 视觉维度;② 感知维度;③ 社会维度;④ 功能

---

① 金超. 由几项规定性指标反思控制性详细规划[J]. 山西建筑,2006,32(15):13-14.

维度;⑤ 形态维度。每个维度中有其已成熟使用的量化分析指标(表3-1)。

表 3-1　城市设计不同维度的相关指标

维度	相关指标
视觉维度	形状、比例、街道尺度、贴线率、建筑数量、沿街建筑高度、建筑形式、开窗率、天际线曲折度
感知维度	高宽比、面宽比、围合度、透明度、复杂度、色彩活泼度
社会维度	街道活力表征指标、街道活力构成指标、可达性、混合度、街道肌理
功能维度	混合利用指标、设施可达性、安全性、舒适性
形态维度	标准面积指数、连接值、深度值、复杂性、可理解性、街道长度

　　然而,控规体系中与城市设计相关的规定性指标,仅能提供各子项的最低保障或最高限制,对城市整体形态及建成环境质量等方面缺乏应有的控制力。在城市设计的工作阶段,即使已经发展出的一系列针对城市各个维度的量化评价指标,但过于强化各指标的独立性反而人为割裂了各指标本存在的关联特征,而正是因为这种关联特征的存在,才构成作为复杂巨系统的城市。

　　另一方面,城市和建筑虽然在尺度、规模等各个层面截然不同,但其设计、建设,尤其是二者的运行,却也有着千丝万缕的联系和诸多共通的规律和特点。其中非常重要却常常被人们习以为常进而忽视的一点是,建筑与城市设计的各个阶段操作对象,从过去的图纸文本,到当下的三维数字信息模型,大都只是以几何形态信息为主的静态图形图像;而无论现实或虚拟的建筑或城市对象,实际上都并非静止,而是动态运行和时刻变化的复杂数据信息集合。无论前期条件和环境的模拟分析,还是设计到建设的各阶段成果,乃至建成之后的运营状态和效益,如果能够实现真实有效的动态模拟和实时交互关联,将比传统静态模型,更为真实有效地为不同阶段和状态的设计和决策提供有利的支撑。

2) 大数据的类别与特征

　　自从20世纪90年代以来,各国结合卫星遥感测绘和数据网络等相关技术,先后利用地理信息系统和空间数据系统,构建城市的三维可视化环境和城市规划数据整合(Visual Urban Planning Integrated Data, VUPID)[①],并将其应用于历史建筑与城市历史环境的保护和虚拟重建、土地规划评估和科学决策等领域。

　　随着移动网络和社交媒体而普及应用的城市大数据,被东南大学的杨俊宴等学者在类型上概括为高频/低频及大/小样本数据,在数据来源上分为开源和非开源两大类的动态与静态数据,其类别可以具体概括为以下7类:

---

　　① MARSAL L, BOADA-OLIVERAS I. 3D-VUPID:3D visual urban planning integrated data[C]//MURGANTE B. Computational science and its applications-ICCSA 2013: lecture notes in computer science. Berlin: Springer, 2013.

① 业务运营数据,例如公交IC刷卡数据、水电煤气数据、业务审批数据、出租车GPS轨迹数据、移动通信数据、金融数据、物流数据、超市购物数据、就医数据等。② 普查数据,例如人口普查、经济普查等。③ 监控数据,例如视频监控、交通监控、环境监控等。④ 社会网络数据,例如微博、论坛等。⑤ 主动感知数据,例如关于温度、湿度、$PM_{2.5}$等环境的感知数据、手机定位数据等。⑥ 遥感数据,例如航空遥感和航天遥感数据等。⑦ GIS数据,例如关于道路、建筑、行政区划的地形数据等。①

城市大数据的空间属性,使得大数据具有精细化和指标化特征。通过这些分维数据特征,可与其余多源大数据进行融合及耦合分析研究,这有助于城市问题的发现及城市发展模式的预判。② 综合城市规划和建筑设计中大数据技术的实践探索应用存在三个发展阶段。

第一个发展阶段是大数据应用1.0版,即数据的图示化和表层分析。这个发展阶段的分析研究工作将海量数据经过空间图示展示出大量绚丽的分析图,但推导不出太多有价值的新结论,或结论都是验证了众所周知的简单事实。这种大数据的应用难以指导规划实践,属于大数据的浅层研究。

第二个发展阶段是大数据应用2.0版,即针对单维度数据本体的深度研究,算法和数据分析很深,但是难以指导规划和设计的提升。很多大数据的分析研究工作极易陷入海量数据本身,运用公式、算法甚至机器学习等手段对数据本身进行深度挖掘,然而却脱离了城市规划和建筑学科本体,显得更像是关注数据问题而不是城市或建筑问题,其结论也很难应用。

第三个发展阶段是大数据应用3.0版,即城市空间结合多源大数据的联动分析,可以空间落地和指导规划和设计。在3.0语境下的城市大数据分析从一种数据类型导向转变成一种目标导向,将多维度的大数据进行耦合分析,共同指向城市规划中的关键问题。而目标导向的数据耦合分析,必然需要数据的关联。

3.3.2 数据关联体系

1) 城市大数据的应用现状

大数据的应用现状总体可以总结归纳为四个维度:① 基于即时数据的动态结构特征分析(如利用公交数据、地铁数据等可以对交通需求进行预测,或依据即时数据的反馈,针对同一空间在不同使用时间段的状况进行更高效的设计)。② 基于空间本体数据的静态结构特征分析(如通过对建筑高度信息和道路系统信息的分析,评估城市开发强度和道路可达性)。③ 通过反映民

① 牛强. 城市规划大数据的空间化及利用之道[J]. 上海城市规划,2014(5):35-38.
② 杨俊宴,熊伟婷,曹俊,等. 基于智慧城市空间大数据的城市信息图谱建构研究[J]. 地理信息世界,2017,24(4):36-41.

生意愿与评价的数据信息分析城市所呈现的显性结构(如通过对微博评论等数据,分析市民在某一特定领域的偏好,进而可以将其作为优化城市空间节点的依据)。④ 通过分析社会生产相关的数据,揭示城市发展的内在逻辑(如对业态分布、产业布局的综合分析,以此为数据支撑,精准优化城市未来的发展方向)。

国内城市规划与设计研究的相关学者对于城市大数据的分析与应用在上述四个应用维度的基础上,反映出对于城市发展过程中不同发展逻辑的关注。总的来说,推动与制约城市的发展有以下四个逻辑因素:① 形态学逻辑;② 经济学逻辑;③ 社会学逻辑;④ 生态学逻辑。

形态层面上,南京大学的黄莹与甄峰,以南京城区为例,利用 GIS 平台对南京主城区道路系统与居住用地进行分析,以此探究南京城市居住空间结构的特征。同济大学的钮心毅和李凯克,通过对视觉影响要素与视域范围的分析,探究城市天际线定量分析方法。学者姜玉培和甄峰,以南京中心城区为例,探究街区尺度与城市健康资源空间分布之间的关系,从而可以进一步研究其对城市形态生成过程中的影响。

经济层面上,在已有的诸多学术研究中,学者利用兴趣点(POI)、手机信令、道路信息等数据,构建街道活力、步行适宜度等指标,进而从活力、价值、交往等维度描述城市背后的经济学逻辑。如清华大学的龙瀛和周垠,以成都为例,通过分析街道两侧商业建筑的业态和交通设施状况,进行街道活力的量化评价,进而有针对地提升特定地段的活力和经济收益。学者代鑫和杨俊宴通过对手机信令数据的分析处理,探究上海市城市商业中心空间活力的分布特征与空间特征,进而有针对性地对商业空间进行优化调整,提升经济价值。

社会层面上,学者秦萧和甄峰等利用招聘网上获得的招聘数据,分析南京市新增就业空间分布特征,进而可以研究城市布局的合理程度以及公众就业状况的研究。

生态层面上,学者杨俊宴和潘奕巍等通过建立眺望评价模型,对香港地区进行城市整体景观形象的研究,以此分析香港城市生态要素格局上的特征。

通过梳理每项研究的具体内容(图 3-17)可以发现,任何一个单项研究虽略有侧重,但其或多或少同时涉及城市经济、社会、生态等多方面的内容。因此传统单一维度的静态指标与数据对城市设计很难起到系统性的控制,而通过将多种数据联动形成的动态数据关联体系,能够弥补单一维度指标的不足。

2) 网络大数据信息的关联体系

从城市到建筑的设计都是复杂且多要素相互关联的巨系统。现代城市建筑设计不是单一的空间形体设计或单一维度的设计考量,更主要的是对经济、社会、生态环境等多方面因素的整体考虑。

城市建筑设计的方法论强调将设计对象作为一个整体系统(包括上下

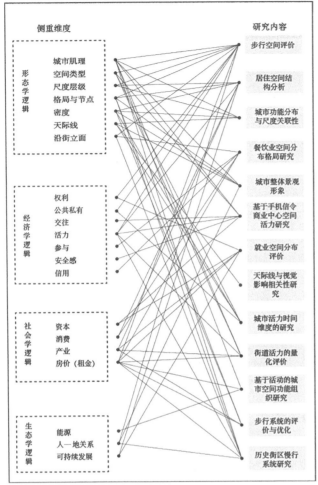

图 3-17　城市大数据相关研究的侧重维度及其研究内容的关联

层级系统)从全生命周期来加以整合和优化。整体设计的思想在规划与建筑设计领域经历了从要素到系统、从群体到整体,从单一系统到多系统交互、从单一专业到多学科集成融合的发展过程。从城市建筑设计的对象出发,城市空间的设计秩序是从整体到局部的次序,整体与局部之间始终存在引导和反馈的关系;从城市建筑设计的过程出发,设计是一种非终极蓝图的、连续的动态演进过程,往往需要经过反复修正、完善才能得到更优化的解决方案。

动态系统的整体"反馈—调整—反馈"秩序,可以应用到设计过程中,成为动态城市建筑设计不同于传统城市规划和建筑设计的关键所在[①]。在此动态系统中,数据的相互关联是支持系统运转与数据反馈的前提条件。在已有的研究中,对城市特征的关联影响因素的研究已有不少成果:① 街区活力。城市活力的定量研究通常认为活力受区位、周边地块用地性质、周边地块开发强度、交通可达性、绿地、商业设施等多重因素的复合影响。[②] ② 交通状况。城市交通主要受土地性质、土地开发强度、人口密度、人口年龄构成、动静交通组织、道路等级等多要素的综合影响。[③] ③ 城市噪声。声景对于城市噪声起着关键的改善作用,其中植物与水景的作用更为明显。[④]此外,道路系统的组织与用地性质也对噪声起着重要的影响作用。

综上所述,多源城市大数据的联动分析,使得城市设计的过程,从以满足上位规划的指标控制以及单一维度的线性分析评价进而转换为以多源数据为基础、多种指标相关联的动态评价体系,进而调整优化城市设计方案。

总而言之,随着数字信息网络、大数据信息处理和计算机模拟建模运算技术的普及和发展,从基于大规模数据信息处理的整体或片区规划等不同

①　赵曼彤,张伶伶,袁敬诚. 动态城市设计的系统思维范式与方法论模型[C]//2019 第十四届城市发展与规划大会论文集. 郑州,2019.
②　黄生辉,王存颂. 街道城市主义:武汉市街道活力量化及影响因素分析[J]. 上海城市规划,2020(1):105-113.
③　刘俊娟. 城市交通规划后评价[J]. 城市交通,2007,5(6):44-48.
④　路晓东. 智慧城市下噪声管理的创新方法[J]. 建筑与文化,2019(9):162-163.

层级的城市设计，再到基于建筑信息模型的不同尺度规模的建筑设计，目前各类工具平台所建立的数据结构和电子模型，基本都是设计研究对象特定理想状态的静态模拟，其评估和优化则必须经过不同工具平台的数据转换和格式交接，都面临着数据操作和模型体系的相对片段化、静态化瓶颈，影响设计效率和效果反馈。借鉴多媒体互动操作引擎和模型平台的实时交互模型操作和数据可视化技术体系——数字图解，建立实时数据交互的动态模拟和评估优化模型，有望在目前主流大数据平台和建筑信息模型系统的基础上，通过交叉融通的技术拓展，实现不同尺度规模的城市和建筑模型共性问题的运行状态模拟、运行效益的数据实时分析与调整优化。让专业研究和设计者发现问题、解决问题，并建立结果运行与评价的理性逻辑体系；让投资、决策、管理者乃至公众，能够直观解读和评价设计成果，做出更加合理高效的判断取舍和预测。

4 建筑数字图解内容:要素的解析

图 4-1 水流凸凹岸线与水湾对周边水滩大小的影响关系图解

原型Ⅰ

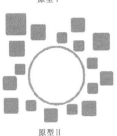

原型Ⅱ

在讨论了建筑数字图解的信息对象之后,紧接着的问题是,基于第3章数据信息,建筑的设计者和研究者有可能将这些数据信息和设计对象的哪些内容相结合,或者说,可以在设计研究中将上述数据信息用于哪些图解内容呢?简而言之,对应于建筑学专业内容的几个基本要素,可以尝试从环境景观、空间形态、功能流线以及结构性能等几个方面,具体探讨建筑数字图解的具体内容和相关要素。

和相似主体的其他专业讨论定位有所不同,本书从这部分开始,不再满足于理论思辨的探讨和举例插图的罗列,而是试图通过一系列更富有针对性的具体特定图解案例解析,详细讨论建筑数字图解的方方面面。

4.1 环境景观图解(生态、视线、视域)

就环境景观层面而言,建筑数字图解的应用内容非常广泛。从生态环境要素的解析、环境信息的观测、调研和统计,到人群在场地内外的活动感受,包括景观视线、视域的控制与引导分析,均可以数字图解方式进行建模分析和操作调节。本节试以湿地景观路径的参数化设置和量化控制,以及地形设计中的土方平衡分析为例,加以阐释说明。

4.1.1. 湿地景观的量化控制图解

图 4-2 基于泰森多边形及水流曲线干扰形成的初步平面图解

该设计图解是在某博览园的场地规划中,对场地水系和城市水系交接处的湿地景观,进行规划处理。[①]常规手工制图操作虽然自由随性,却难以体现其中的逻辑理性量化控制。基于参数化建模的数字图解,却能清晰地展现出场地景观处理中的逻辑线索和优化流程。

1) 初步形态生成图解

湿地景观要素包括水滩土丘、水流水湾、水岸植被、景观步道、观景平台、景观小品建筑等。根据对自然界水流规律的研究,水流的侵蚀和水岸土丘堆积形态有直接逻辑关联。这一关联在场地规划的初步形态图解中,以线性图解和点面状图解为两个原型(图 4-1),运用平面泰森多边形的曲线干扰加以

① 本节案例来源于东南大学建筑学院"数字化技术与建筑"课程(主讲/指导教师:俞传飞)作业练习《参数化景观湿地设计》,张潇涵(01514122);相关素材经过一定的调整处理,特此注明并致谢。

模拟,在场地区域的随机点划分基础上,结合水岸面积的初步筛选,生成初步平面形态图解(图 4-2)。

2) 方案深化调节图解

结合岸线发育系数[①]的合理范围调节,控制水岸数量。水岸数量过大,水域面积及径流过小,水滩图解显示过于拥挤;水岸数量过小,水域面积及径流过大,水滩图解显示过于疏远。这两种极端均不利于场地水滩土丘的均衡分布,获取得当的疏密关系。因此通过调节水岸数量参数变量,在相关数字图解中可以直观便捷地比较选取较为均衡的疏密布局(图 4-3)。

3) 最终选择优化图解

在深化调整总体布局基础上,结合水滩土丘高度的竖向设计调节,再选取一定面积规模以上的水滩作为人行活动和停留的场地空间,以每块水滩形状中点连成景观步道路径网络,并通过上述参数的比较优化,最终在场地内部生成跨越水滩水域的道路系统(图 4-4)。

这套数字图解通过具体的场地生态学参数进行量化控制,以点线曲面来模拟自然界的水流侵蚀和水滩土丘的堆积分布,以数字图解实现场地因素的调节优化操作和流程表达(图 4-5)。需要注意的是,因为选用泰森多边形算法进行数字图解,图形形态只能以多边形(虽然进行了圆角处理)处理,而无法实现更为自由也更为自然的曲线控制。这既是设计图解本身的取舍选择,也从另一方面反映出数字图解工具对设计操作对象的影响。

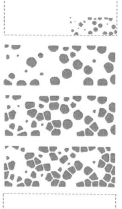
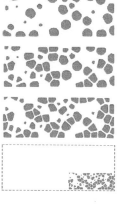

图 4-3 结合岸线发育系数,调节水岸数量,获得疏密得当的布局图解

图 4-4 结合竖向设计的道路系统生成图解

图 4-5 湿地景观生成结果及效果图

选取形态最优解,手动偏移出道路边界

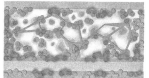

与周边环境衔接,完善种植设计

---

① 岸线发育系数(SDI)是反映湖泊水岸几何形态的指标,其值越大表示岸线越曲折。

4.1.2 地形设计的土方平衡图解

环境景观中的地形设计,是景观规划和建筑设计中的关键因素,而土方平衡则是地形处理的基本要求之一。通常的制图建模,主要依靠设计者的手工操作,无法精确计算地形对象的土方量;且常规操作结果面对超过一定规模的对象,往往难以调整,修改成本巨大。基于参数化建模的数字图解,则能以动态调节方式,将这一枯燥却重要的设计操作,在序列图解过程中生成地形,实现方便地修改,并可以精确控制土方平衡。

1) 设计意图的分步图解

基于土方平衡的参数化地形设计[①]首先以序列步骤的分步图解,展现了地形设计的生成过程,表达每个步骤的具体操作,包括地形中的诸多环境景观要素,诸如低洼河道、湖泊、支流的挖设,以及高处山体的堆积等(图4-6)。其参数化图解的操作思路,主要先在模型中导入地形的起伏及其平整范围,以栅格化点阵记录地形在标高上的向量变化;通过相关算法,控制向量变化正负总值尽可能为零,实现土方平衡。

图 4-6　地形设计的参量分解图示

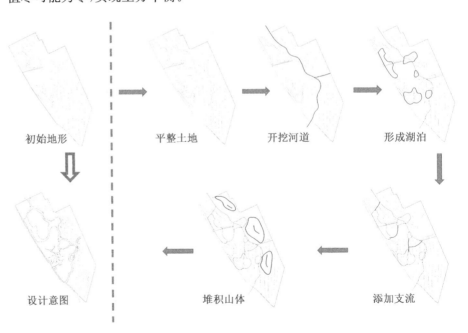

初始地形　　平整土地　　开挖河道　　形成湖泊

设计意图　　堆积山体　　添加支流

2) 数据转换与土方计算图解

该设计先将初始地形等高线及曲面转换为点阵,在针对点阵标高向量数据,进行平整土地、开挖河道、湖泊填方和挖方、添加支流,以及堆积山体等一

① 本节案例来源于东南大学建筑学院"数字化技术与建筑"课程(主讲/指导教师:俞传飞)作业练习《基于土方平衡的参数化地形设计》,孙士臻(01516109);相关素材经过一定的调整处理,特此注明并致谢。

系列步骤。每一步都在参数化建模平台中统计相应的挖方量(负值)向量变化和填方量(正值)变化(图 4-7)。

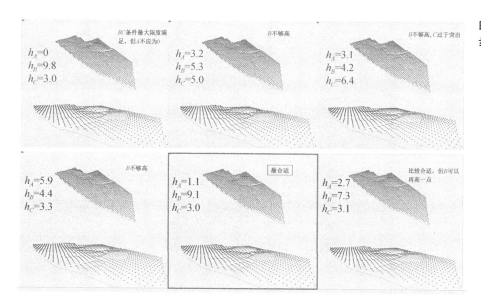

图 4-7 地形点阵的各步骤模型构建图解

3）土方平衡的参数调节与挖填控制图解

结合相关规范值,调节向量变化变量,计算各步骤综合挖填方量。前几个步骤的挖方量和最后堆积山体的填方量应尽量相等才平衡。山顶视线尽量不被植被遮挡,希望看到远处景观,自然需要达到一定高度。而山体的高度又会影响其坡度,坡度要控制在适宜攀爬的 25°以下。最后的山体堆积土方量应在坡度和高度之间获得平衡(图 4-8)。

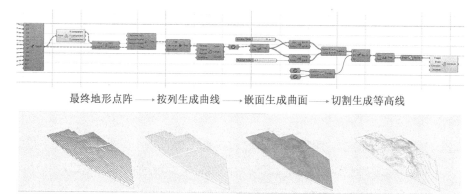

图 4-8 山体堆积及视线控制图解

最终地形点阵 → 按列生成曲线 → 嵌面生成曲面 → 切割生成等高线

4）最终点阵转换为曲面等高线的图解

最终基于土方平衡和坡度视线的地形点阵确定之后,又需要反向将点阵转换回嵌面曲面。不同的嵌面方式,也会形成不同的地形效果,还需人工做出选择。然后据此生成等高线地形,导出模型,完成基于土方平衡的地形设计(图 4-9)。

这套数字图解针对地形环境处理中的土方计算需要,将通常意义上的曲线等高线三维模型,通过参数化建模工具转换为点阵地形数据,以每个矩阵网点的坐标数据,作为土方计算的依据。这样就使传统的三维模型,具有了与设计考量直接相关的必要数据信息,并能以直观的数据关联和运算加以操作和表达。最终经过优化的土方平衡地形点阵,再反向转换为三维找形模型。不可否认,取值精度和运算量的适宜度,也限制了地形点阵的密度和取值范围。

图 4-9 基于等高线地形的山体生成图解

4.2 空间形态图解(空间关系)

空间形态是传统建筑设计的重要内容,但在数字技术和运算设计的日渐普及下,建筑空间的最终形态早已不再是相关设计和数字图解的直接目标和操作对象。换句话说,在参数化建模和生成设计等新的数字化建筑设计流程中,设计操作和数字图解的对象,更多是相关设计影响因素与特定参数变量的组织规则与逻辑关联,空间形态则成为上述规则的运算生成结果。正因为如此,本节讨论的数字图解中的空间形态,就更多聚焦于它们作为空间关系的承载与反映,无论是来自平面组织形态的生成,还是特定造型意向背后的关联因素。

4.2.1 基于多代理的平面生成图解

建筑设计中多个群体对象的总平面布局和形态组织,当然是一个非常复杂的问题。对这个问题的处理,可以从单元形体的布置、空间形体的体量关系,以及场地内外的交通流线等因素进行操作。此处的设计练习,可算是为此进行的一次小小尝试,数字图解的对象是相对简化的某住区建筑群体。[①]

1) 基于场地的住宅平面布局图解

先通过一系列参数和限制条件的设定,让 A、B 两种住宅单元(House)自身能成为数据关联中的智能体,构建场地中的一套关联体系,让单个变量对象与场地中的其他变量对象形成某种关系总和。根据程序运行时的运算得到作用力(排斥力)运动,并找到稳态位置,并进而形成满足特定条件的住宅平面布局(图 4-10)。

① 本节案例来源于东南大学建筑学院"数字化技术与建筑"本科课程(主讲/指导教师:俞传飞)作业练习《基于多代理的平面布局》,秦瑜(01115226);相关素材经过一定的调整处理,特此注明并致谢。

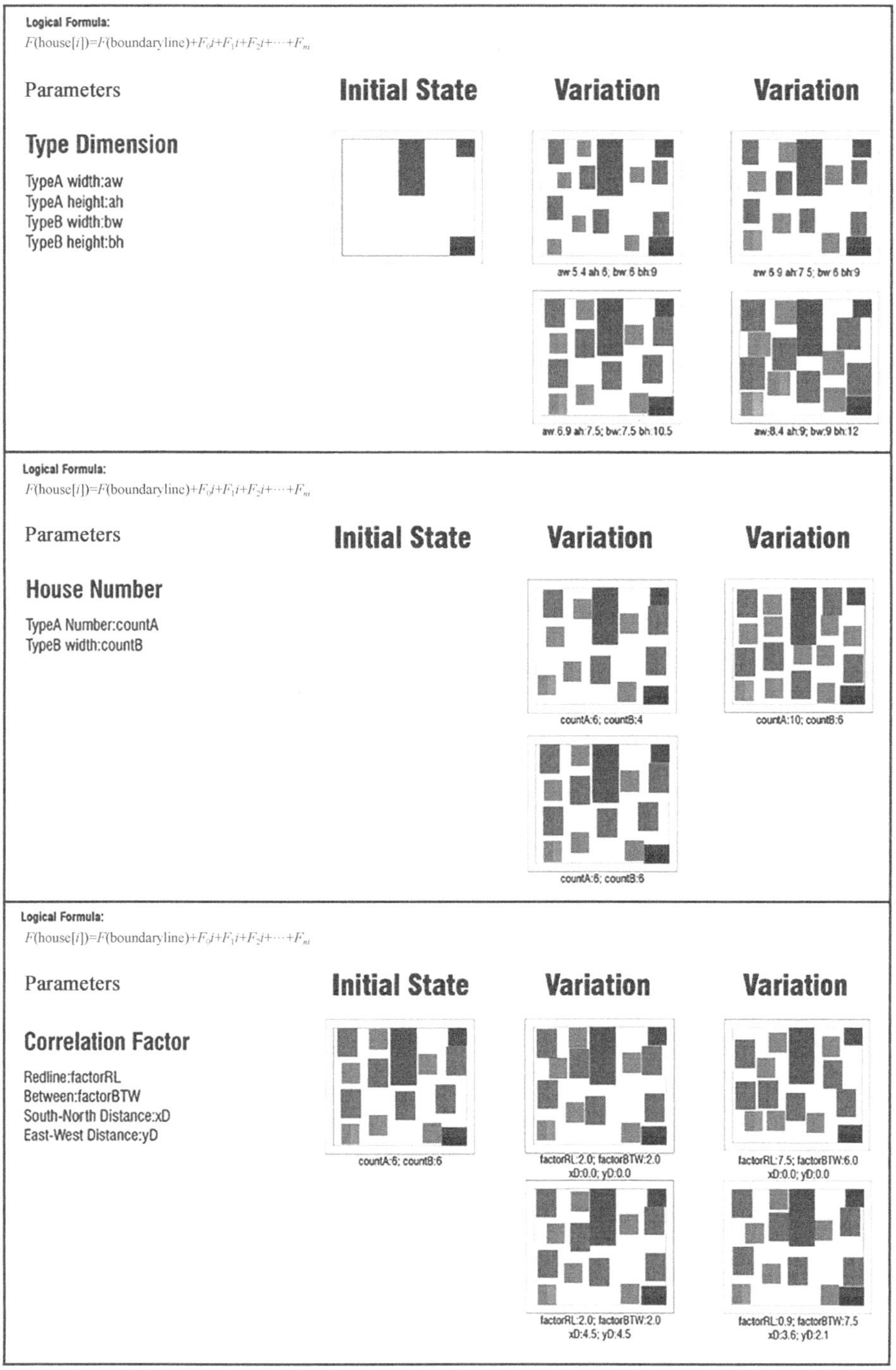

图 4-10 住宅平面布局
多代理生成图解

2）有关形态的高度形态控制图解

在平面布局已经给 A、B 两种住宅单元原型设定了数量、长宽、红线边距（factorRL Redline）、纵横间距（x_D/y_D Distance）等一系列变量基础上，选择上一步骤生成的结果作为初始状态。然后进一步增加住宅高度（Story Height，SH）、层数（Story Number，SN）及屋顶坡高（Roof Height，RH）等参数，调节变化,比较不同结果(图 4-11)。

图 4-11　住宅高度与屋顶控制图解

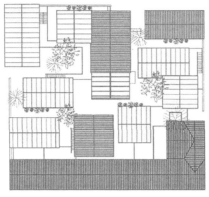

3) 面向住区活力的人流聚散模拟图解

通过在生成的现有住区空间关系中,引入具有不同"吸引程度"的兴趣点(attractions),来研究兴趣点位置及大小变化带来的人流聚散分布情况和相关影响,减少不同区域或住区巷道内居民活动过多或过少的情况,以保证住区较为适宜均衡的"园林式"积极生活状态(图 4-12)。

图 4-12　住区人流聚散模拟图解

可能在这个练习中,结果本身的推敲过程意义远大于其布局的现实性,毕竟还有诸如日照、消防等现实因素远未被纳入布局考量。最重要的是,通过这样一组数字图解,体现出了设计参数化的本质,正是建立某种逻辑关联,进而运用这种逻辑关联,对设计的相关内容加以推敲和操作,最终通过反复的图示推演,尽可能接近预期目标。但也不得不承认,建筑空间的关系对象,往往涉及如此复杂的因素,以至于相关处理要么难以兼顾,要么过于简化。

4.2.2　基于参数调节的空间形态图解

建筑空间形态的生成,常常和特定造型意向也有着直接的联系。与传统空间造型设计所不同的,往往是造型意向与形态生成的影响因素之间的具体关联方式,以及操作生成过程中对这些因素的操作调节及其取舍背后的量化信息。建筑数字图解可以将这些关联,及其背后的数据,以序列方式加以可视化展现。

滨水驿站建筑与景观的参数化改造这一案例[①],正是形态探索的数字图解。这个沿河长条形地块中的小码头及其配套景观建筑,在原方案就试图通过飞鸟聚集展翅意向,流畅衔接城市与自然空间。但传统手绘或建模虽可模拟,却难以对形态进行必要的调控优化,因此尝试了基于参数调节的建模流程数字图解。

1) 体量体块的分布与关联图解

先根据人流和植物环境确定带状场地景观流线。结合调研所得人流分布密度,尽量保留现状植被,利用景观,通过曲线弯折点变量调节,得出景观建筑的中心所在的场地曲轴;再置入不同数量和大小的建筑体量,筛选出基本体量布局(图 4-13)。

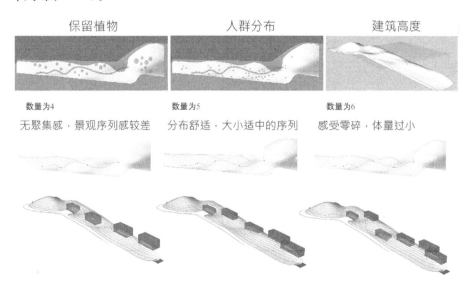

保留植物　　　人群分布　　　建筑高度

数量为4　　　数量为5　　　数量为6

无聚集感,景观序列感较差　　分布舒适、大小适中的序列　　感受零碎、体量过小

图 4-13　体量体块在场地景观轴线的分布与关联图解

① 本节案例来源于东南大学建筑学院"数字化技术与建筑"本科课程(主讲/指导教师:俞传飞)作业练习《"林间飞鸟"形态探索:滨水驿站建筑与景观参数化改造》,顾佳(01516130);相关素材经过一定的调整处理,特此注明并致谢。

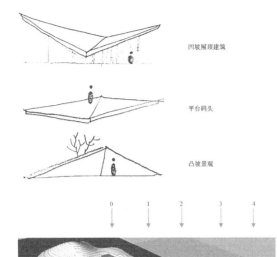

凹坡屋顶建筑

平台码头

凸坡景观

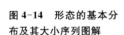

图 4-14　形态的基本分布及其大小序列图解

2）形态的生成与参数调节图解

在确定体量分布位置之后，结合不同位置和功能，设定区分了三种模拟飞鸟振翅的基本体量形态：凹坡屋顶建筑、平台码头、凸坡景观展墙。根据场地人流分布，选定不同建筑、景观小品和展墙等要素的位置，再利用等差数列控制各体块大小，设定公差，控制体量的连续性和差异性（图4-14）。

3）最终形态的变化与建造可行性图解分析

根据侧向景观对景朝向效果及人流来去动线等因素，调节屋顶鸟翅形态的展开角度、朝向方向，甚至翻转比较，动态生成方案需要的最优解。最终确定的飞鸟形态序列，设计者还尝试以合适曲率的曲面串联，在流畅造型的同时，为结构处理提供更多可行性分析（图4-15）。

可以发现，为了实现林间飞鸟的造型意向，需要对设计关联对象——飞鸟的诸多特征性因素加以提炼和转换，包括飞鸟的姿态、尺度、数量，以及群体间的距离、节奏等。逻辑清晰的参数化调控，通过数列控制，具有数学规律的美感，能在短时间内为设计者提供大量的可能性选择（图4-16）。但和灵动自由的手绘草图相比，极具理性特征的图解成果，仍难免过于规律甚至刻板，甚至缺乏必要的激情和想象力。这一点也是设计者自己的反思。

图 4-15　空间形态变化调节过程图解

尺度 飞鸟大小　　振翅 飞鸟双翅夹角　　朝向 飞鸟轴向　　翻转 飞鸟仰俯

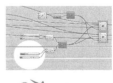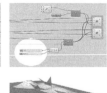
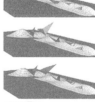

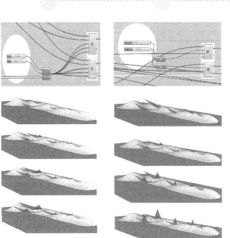

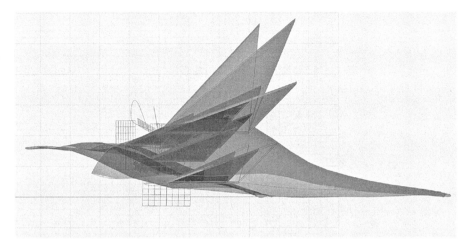

图 4-16　基于参数调节的空间形态意向图解

4.3　功能组织图解(可达性、功用、交通)

　　虽然经过结构主义等相关理论思想的影响,建筑空间的设计者们早已意识到,建筑的形式并非简单追随功能,空间的功能和形式也并非简单的对应;即便不是密斯·凡·德·罗(Mies Van der Rohe)的那种通用流动空间,空间的功用也更多会随着岁月的流逝和时代的变迁发生不同程度的变化和转换。但空间的功能组织,仍然是设计者在处理设计对象时,需要解决的现实问题,其中的流线组织和可达性,使用序列和相互关系,仍会不同程度影响着空间的排布。这些问题,从传统建筑设计中的泡泡图分析图解,到如今的数字图解,更多有赖于不同软件工具背后的参数变量及运算算法的选择和设定,并借由数字图解的特定数据图形可视化处理,进行有效的操作和表达。建筑空间的功能组织中,较有代表性的问题,一个是平面空间的功能组织优化,一个是功能单元与空间体量的互动影响和生成。本节将两个功能组织的数字图解典例示之。

4.3.1　商业空间评价优化的算法图解

　　相比较于其他公共建筑,商业空间因其更为密集和严格的功能性和经济性要求,对空间设计中的组织性具有更为明确和易于量化的诉求。借用不同的空间图形算法,可以结合商业空间组织中的均好性、可达性和体验性等各方面要求,进行相关数据信息的可视量化比较和优化调整,进而为商业空间的组织和设计提供直观的帮助。

　　本案例原方案是一个商业综合体,已结合任务要求和周边街区环境,建立了初步的多层商业空间平面布局。[①]在此基础上,试图选用不同图形学算法,

　　① 本节案例来源于东南大学建筑学院"数字化技术与建筑"本科课程(主讲/指导教师:俞传飞)作业练习《基于算法图解的商业空间评价及优化》,李淑琪(01115302);相关素材经过一定的调整处理,特此注明并致谢。

运用数字图解的操作,对原方案平面空间进行相应调整优化。①

1) 基于泰森多边形算法的商业空间均好性图解

先根据商业空间不同功能类型进行空间信息的简化整理,以便进行各空间的重心计算;然后运用泰森多边形算法进行运算,得出均好性图解;再通过进一步加工、分析,得出相关数据的图像表格(图 4-17)。

图 4-17　平面空间均好率权重图解

待优化空间　　　　　　　　　　　　　　均好性分布图解

以此为依据,对原方案平面进行优化,进行功能置换、出入口修改等处理,将均好性突出的方位调整为主要商业空间,而把不理想的商业空间置换为辅助空间。最终确定了方案平面中需要不同程度进行调整的部分,并以简图示之(图 4-18)。虽然运算结果呈现的图解远非理想,但和传统方案一概而论同等排列的商业空间相比,经过优化的空间组织在均好性上具有明显优势。

图 4-18　方案调整待优化空间图解

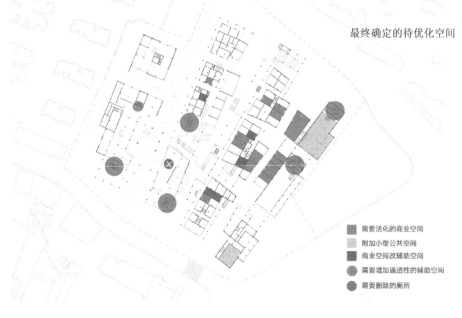

最终确定的待优化空间

■ 需要活化的商业空间
■ 附加小型公共空间
■ 商业空间改辅助空间
● 需要增加通透性的辅助空间
● 需要删除的厕所

---

① 参见:王维. 基于商业建筑空间的算法图解研究[D]. 北京:中央美术学院,2011.

2) 基于元球算法的交通空间服务性图解

元球(Metaball)算法主要通过能量场和等势曲线的生成图解,展现平面不同方位的交通性能。和上一部分类似,先对方案平面中的交通空间进行简化处理,并对不同类型的交通空间设定不同加成权重;再用元球算法进行运算,得出初始状态图解;然后通过加权分析获得最终优化图解(图 4-19)。元球算法生成的能量等势线,是图解中的主要选取指标,图 4-19 中的能量阈值选定为 6。

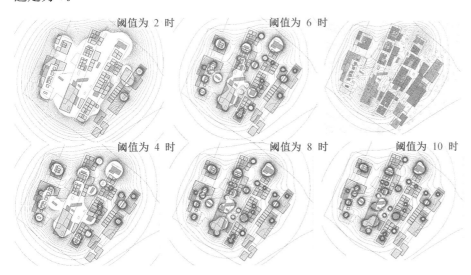

图 4-19 元球算法交通空间优化图解

功能组织的传统经验式设计,可以快速判断空间交通节点(如楼梯平台、通道广场等)的交通服务优势,这一点也在元球算法的图解中得到验证。但数字图解的优势,还体现在其他并不显著的部位所需要的交通服务优化,也能得到更为精确敏锐的分析,结合垂直交通、人流聚集活动等因素,可以有效优化方案。

相关图解对象除了商业建筑中的主要商业和艺术空间,也将辅助空间纳入了离散运算的范畴,尽可能避免消防、设备、储存等次要空间在图解运算中的干扰。但相关图解仍是某种相对理想状态的分析,在选用某种算法处理特定方面的信息(如方位和均好性)的同时,并未能将可能同样重要的出入口、人流交通等因素纳入其中。这也反映出目前的参数化运算图解,对于大量性复杂对象处理,囿于软硬件甚至算法本身的限制,而存在的天然缺陷。必须说明的是,这类缺陷并非数字图解在表达形式上的问题,而是数据算法正需不断升级改进之处。

4.3.2 基于功能排布的建筑体量生成图解

功能空间的组织,不仅和平面流线关系、空间组织的均好性等方面息息相关。传统空间形态设计(包括空间建模),常常是平面功能组织之后的被动结果;而运用参数化建模方法,有可能让功能的排布和空间的生成,成为动态的互动过程,相互影响反馈并适时优化调整,并以数字图解方式表达这一操作过程。

1)功能单元与空间排布的逻辑图解

本案例在原来的文化艺术中心方案[①]基础上,将文化馆建筑的功能单元分为流动交往空间、通高功能空间和小体量服务空间三种类别。平面功能排布,从这三类空间的不同比例大小和位置设定出发,将数字模型轴测图解的主要参数数据,设定为流动空间的大小位置和功能及服务空间的高度之间的关联,以此功能逻辑定义整个建筑体量(图 4-20)。

图 4-20 基于不同功能单元的空间排布逻辑图解

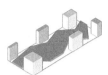

流动空间和功能空间 按原比例布置　　功能空间压缩,流动空间最大化　　流动空间收放变化最大化　　流动空间压缩,功能空间最大化

2)空间形态的具体操作和结构图解

在确定功能排布和空间体量逻辑关联的基础上,主要通过不同空间体量的山墙结构体及其顶点在不同跨度进深上的位移变量,联结获取整个屋顶形态;并以其中最大跨度计算屋面结构所需厚度(图 4-21)。

图 4-21 空间形态操作和结构关联图解

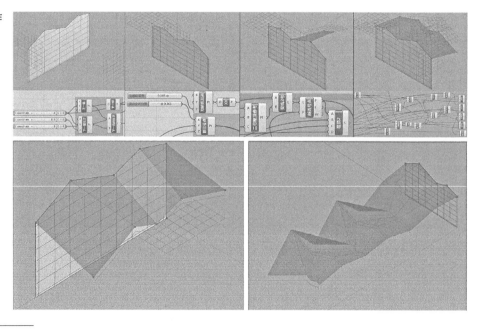

① 本节案例来源于东南大学建筑学院"数字化技术与建筑"本科课程(主讲/指导教师:俞传飞)作业练习《基于 GH 实现的通过功能排布生成文化馆体量以及结构的参数化模型》,郎烨程(01115225);相关素材经过一定的调整处理,特此注明并致谢。

3) 不同空间体量与功能空间的动态优化图解

上述图解所表达的生成过程虽然看似复杂,但在参数化建模工具(Grass Hopper,GH)的电池组逻辑关系明确之后,仅需调整相应参数,即可在不同功能组织比例构成情况下,同步快速生成不同的体量形态,乃至相应的结构体系,包括不同跨度桁架及不同厚度屋面(图4-22)。

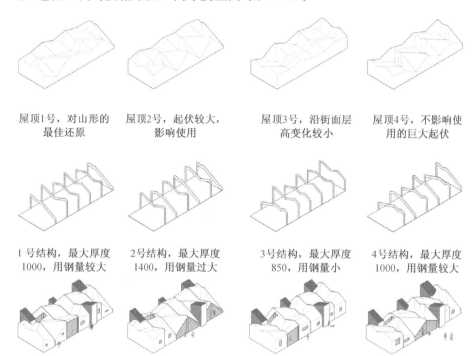

图4-22　结合不同功能组织的空间体量生成图解

屋顶1号,对山形的最佳还原

屋顶2号,起伏较大,影响使用

屋顶3号,沿街面层高变化较小

屋顶4号,不影响使用的巨大起伏

1号结构,最大厚度1000,用钢量较大

2号结构,最大厚度1400,用钢量过大

3号结构,最大厚度850,用钢量小

4号结构,最大厚度1000,用钢量较大

在这种情况下,设计者会发现,基于参数化灵活调节的数字建模图解,以其直观的生成结果,已经可以参与设计选择,帮助设计者一目了然地对生成结果加以取舍。

牵一发而动全身的功能组织和体量生成过程,在赋予设计操作更多自由度和灵活性的同时,也带来相应的结构辅助计算问题。由此可以引申出数字图解在空间设计表达中的又一个重要板块——有关结构构造等技术因素、生态环保效能,乃至经济效益等因素,在数字图解中的操作与表达。

4.4　技术与性能图解(结构、构造、光照)

和前述的环境景观图解、空间形态图解以及功能组织图解不同,建筑空间的数字图解还涉及更多相关技术要素和物理性能内容。这些内容的相关图解,当然不可能在一个小节的篇幅里遍历。本节结合几个相关案例,从结构构造的参数优化,光照均匀度效果的研究图解,初步展示技术要素和物理性能等内容在相关空间设计中的图解。

4.4.1 音乐中心屋顶结构形态参数化改造图解

建筑空间结构构造的数字图解，往往是对结构的空间形态、构件尺寸形状的变换调节，以及构造单元细部的具体内容进行的图示与比较。和传统图示方式的建模处理不同，本案例虽然是在音乐中心建筑方案对相关结构形态的借鉴应用，但重点其实正是比较仅用 Rihno 这样的曲面建模工具一次性手动生形，和运用参数化建模工具结合参数调节进行的数字图解有着怎样的不同。[①]

1）屋顶表面形态的结构格网参数化图解

参照蓬皮杜梅斯艺术中心，该设计练习最初的模型是用手动建模方式在 Rhino 中模拟了覆盖于音乐厅屋顶的曲面形态，运用了网格曲面投形和单轨扫掠赋予网格线一定的构建体量。在传统建模方式的单向流程中，难以动态调节，更无法优化结构网格。

图 4-23　屋顶表面结构网格的参数化图解

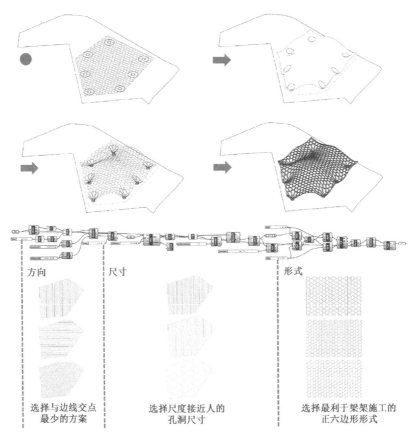

方向　　尺寸　　形式

选择与边线交点最少的方案　　选择尺度接近人的孔洞尺寸　　选择最利于梁架施工的正六边形形式

① 本节案例来源于东南大学建筑学院"数字化技术与建筑"本科课程（主讲/指导教师：俞传飞）作业练习《音乐中心参数化改造》，庞志宇（01113319）；相关素材经过一定的调整处理，特此注明并致谢。

因此在这里呈现的参数化建模图解中,可以清楚地看到对屋顶表面形态结构网格在方向、密度以及形式上的比较选择(图4-23)。网格方向的旋转调整,追求的是网格与曲面边线交点较少;网格尺寸的调节,则让网格空洞尺寸接近人体尺度;在不同网格形式中最终选择了六边形网格,则有利于梁架施工。

2) 屋顶空间形态的物理性能调节图解

而对屋顶加立柱部分的整体空间形态,参数化图解则在三个方面进行了比较优化:① 屋顶拉伸力度尽可能小,以避免张拉膜应力过大;② 屋架曲面减小硬度,以使整体外形柔和;③ 内部曲面的伸张程度,则有利于减小屋架下方音乐厅混响时间,并减少容积率体量(图4-24)。

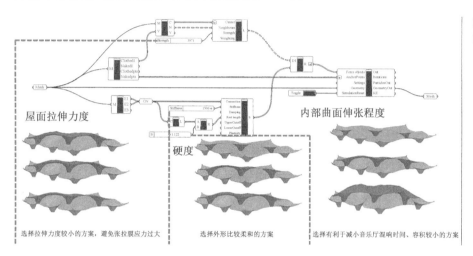

图4-24　屋架空间形态的物理性能优化图解

3) 屋顶构件截面尺寸与相关性能的图解

最后还对屋顶构件截面尺寸进行调节,选择合适高度的梁架,避免视线、光线被过多遮挡,保证1/10—1/5的高度要求(图4-25)。

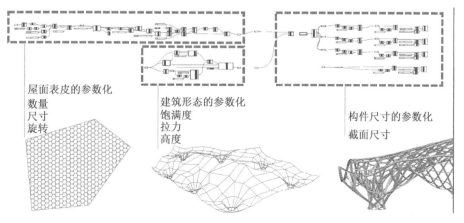

图4-25　屋架构件尺寸的调节优化图解

和通常意义上所谓参数化建模自下而上的找形方式不同,其实这个数字图解的总体形态仍然是在方案之初就由设计者主动预设的。上述数字图解的表达过程,则清晰地显示了即便在此预设前提下,特定空间结构形态仍可通过一系列相关参数的设定关联和动态调节加以优化,且优化过程在数字图解中,分别以平面图解、轴测图解和透视图解的方式,得以清晰展现。

4.4.2　美术馆的结构单元光照均匀度研究图解

运用 Ecotect 等相关性能模拟工具,针对建筑空间的物理性能,就设计方案的简化模型进行检验和调整优化,是目前建筑空间设计操作的一项典型内容。在相关操作中自然会生成相关内容的数字图解。本案例在对原有美术馆空间墙体和气候边界进行图解分析的基础上,提炼其单元空间的结构限定和流动交叠特征,用于扩建部分的方案图解。[①]

1）原美术馆空间特征提炼和结构重组图解

该方案的图解生成,先从场地环境特征提取着手,选取周边城市地段的住区和工业区建筑肌理图底关系,作为结构单元基底,以使原美术馆扩建部分具备原有场所感、室内外渗透性及日常感。然后将美术馆树形结构拆分为两个正反反转错动的筒拱,形成连续高低起伏;将原来平面上纵横交错的墙体,调整为顺向对江方向贯通;并以层叠虚实关系来围合暧昧边界(图 4-26)。

图 4-26　空间特征提炼和结构重组图解

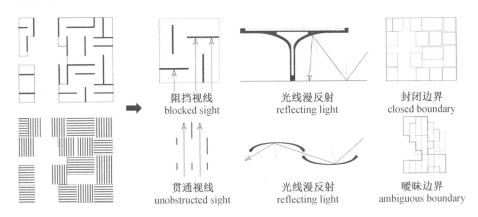

2）结构单元屋顶的参数化生成和光照均匀度分析图解

在原有 8.4 m 柱网跨度基础上,通过拱形屋顶悬垂线设定和高侧窗高度的调节,在 Ecotect 工具中以平面色度图解方式,搜寻方案作为美术馆展厅空间所需要的最佳光照均匀度(图 4-27)。以此追求均匀的光线漫反射,避免室内的强光眩光。

① 本节案例来源于东南大学建筑学院"数字化技术与建筑"本科课程(主讲/指导教师:俞传飞)作业练习《数字化生成与布尔逻辑的运用实践》,李小璇(01114403);相关素材经过一定的调整处理,特此注明并致谢。

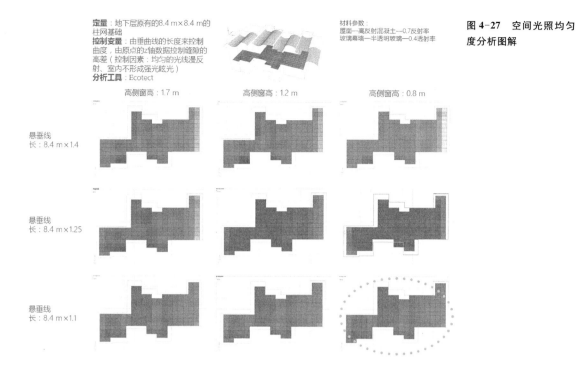

图 4-27 空间光照均匀度分析图解

3) 结构单元墙体的参数化调节与优化图解

墙体生成也以不同宽度及其平面分布进行调节。以便在室内形成连续展陈空间,同时兼具良好的围合感和虚实对比(图 4-28)。墙体分布沿屋顶筒拱壳体四角分布,通过图示比较,方案选定了 4 m 宽墙体。过小则围合感不足,室内过于通透,缺少层次分化;过大则分隔过强,室内展厅缺乏通用性和可变性。

此案例虽重点以光照均匀度为例,针对建筑空间物理性能在设计过程中的图解分析,展现性能数据的可视化表达,但其背后的图解表达逻辑,和本章前述有关建筑空间各个不同方面的要素所进行的数字图解如出一辙——都是为了充分探讨数字图解在建筑空间的设计操作中,对生成优化全过程而非简单阶段性成果的介入和展现。

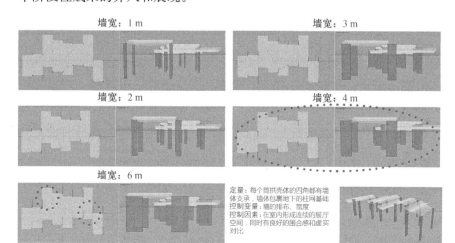

图 4-28 结构单元墙体与空间效果优化图解

5 建筑数字图解方法:操作、流程的解析

在讨论了建筑数字图解的数据信息和内容要素之后,接下来的问题是,如果数字图解的信息和素材都已备好,在运用数字图解进行相关操作时,有哪些典型的方法和流程呢? 其实第 4 章相关典型案例的解析已经不同程度地涉及了一些具体的方法流程。不难发现,有关图解类型及其具体手法的分类,从不同角度,在设计相关的不同领域,都各有不同。本章重点针对结合数字技术运用的建筑图解,从共时性与历时性叙事流程出发,在数据变量关系典型分类的基础上,对三维分解与叠加、演变与交互调节,乃至动态化与影像化这几类建筑数字图解的方法流程,延续第 4 章的论述形式,结合具体案例进行逐一解析。

5.1 共时性与历时性叙事图解

第 2 章部分已经初步探讨了建筑数字图解的共时性和历时性叙事特征,这里将详细探讨这两种图解叙事方法的具体操作流程。[①]

5.1.1 共时性叙事图解(单因素、多因素、多角度)

建筑数字图解的共时性叙事是指在建筑设计过程中,结合数字建模和数据运算,对建筑的单一(或多个)参数变量进行调节,针对不同设计影响因素进行操作,在同一时间得出多样性可选用结果;再将操作结果以阵列的方式进行同时排列展现,以便对其进行分析比较,根据建筑设计的需求从中选取最合适的结果。

数字图解的共时性叙事具有多样性和不定向性特征。在对影响建筑的因素进行参数的设定和调节过程中,常须选择一定范围的取值,或选取随机参数,产生多样性结果。共时性叙事正是通过对不同参数值下的运算结果进行图示分析研究和比较选择,所以在数据多样甚至随机的前提下,运算图解产生的结果可能是不定向的。

根据建筑设计讨论的问题选取影响因素,通过灵活甚至随机的数据调节方式得出系列的结果,再在共时呈现的多样性结果中进行比较选取。从影响因素的选取出发,可以对共时性叙事图解进行单因素调节、多因素比较和多角

---

① 这部分内容是对笔者指导的伍伟侨硕士学位论文相关部分的更新探讨,其中的思路与方法流程并未改变,具体可参见:伍伟侨. 当代建筑数字图解的叙事性特征及其应用[D]. 南京:东南大学,2016.

度对比三种形式的解析。

1) 单因素调节图解

顾名思义,单因素调节是选取影响建筑结果的最重要或首选因素,设定不同参数进行同时的运算生成和调节展现。在调节参数的不同取值时,单因素对建筑设计操作的影响所呈现的结果就会发生不同程度的变化。

单因素调节理想模型的具体操作是:首先选取单因素调节的对象 A,通常这个对象对建筑设计的影响力是比较显著和重要的。然后根据调节的期望目标和方向选定参数 P 的数据并进行不同数值上的调整,由于参数调节具有不定性,所以我们可能暂时无法猜测具体得出的结果是否合理。最后,对象 A 在不同参数 P 的作用下就会产生一系列的解:A1、A2、A3 等等。针对共时性呈现结果的形态和特点,可以对其进行分析比较,进而结合原先设定的目标和方向选取最优解(图 5-1)。

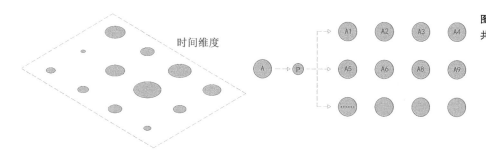

图 5-1 单因素调节的共时性图解流程示意

2) 多因素比较图解

由于建筑设计对象的复杂性,单因素调节更多是局部、特定阶段或理想状态的操作,却难以平衡不同因素对建筑设计结果的影响。多因素比较则是同时对多个因素及其影响结果进行并行比较分析,以更多层次的阵列方式图示呈现结果,以便设计者从中选取最优解。

多因素比较理想模型的具体操作是:针对建筑设计中同时存在的多个因素(因素 A、因素 B、因素 C)的影响,在讨论问题和求解的过程中同时对多个因素 A、B、C 展开参数调节,这些因素在不同参数的调节下产生相应的多个结果:A123、B123、C123 等,将所有的结果进行分析对比,同时比较在不同相关因素作用下的建筑结果(图 5-2)。

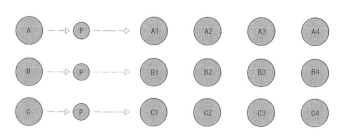

图 5-2 多因素比较的共时性图解流程示意

3）多角度对比图解

从以上图解中会发现一个问题,多因素对设计结果的影响是相对孤立的,而实际情况则应是相互联系和相互影响的,如何在数字图解中兼顾不同因素的共时影响和作用呢? 多角度对比图解正是对此的解答。

多角度对比理想模型的具体操作是:在设计中,问题对象 O 存在着 A、B、C 三个方向的可能性,在不同侧重点的作用下得出的结果是存在差异的。在侧重对 A 角度的考虑中,通过调节 A 角度的不同参数值得出的三种结果。同理在对不同侧重点 B、C 讨论时,同样通过对参数值的调节和变化得出的多个结果。将这些结果进行排列,分析和比较在不同角度下讨论的问题对象 O 存在着的可能性,在进行分析对比后,选取最合理的结果进行深化设计(图 5-3)。

图 5-3 多角度同步对比的共时性图解流程示意

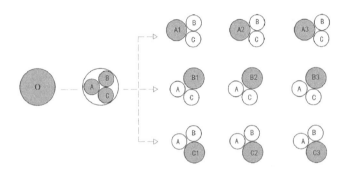

从单因素到多因素再到多角度,其实正是数字图解和设计操作由简入繁,由局部到整体不断深入细化的不同方法,不同方法又带来了设计流程中的多样性变化及其结果。这些变化结果对设计而言是否适宜,是否在合理的"度"内,怎样保持在意料之中;又或者可能给设计者带来怎样的意料之外的"惊喜",恰可让我们思考数字图解有别于传统图示的地方。

5.1.2　历时性叙事图解(单因素、多因素)

建筑数字图解的历时性叙事是指在建筑设计过程中,针对建筑的概念生成、方案推演,乃至建造流程等不同问题,按照不同环节的步骤方式顺序展开,将建筑空间的生成过程依时序通过序列图解的方式加以展现表达。换句话说,数字图解的历时性叙事,通过不同作用因素在不同步骤环节和时间段的介入,及其对操作对象的影响,展现建筑对象和空间事件的图解叙事内容。

因此,数字图解的历时性叙事往往具备清晰的时间线索,利于展现明确的逻辑推演和操作步骤。历时性叙事也就具有动态性、逻辑性、指向性等特点。在历时性叙事中,被图解的叙事对象呈现出不同时刻或阶段的变化状态或空间形态,表现出动态生成的过程;按步骤进行的动态操作,总是以前一阶段为基础,通过量的积累引起质变,前后变化间具备清晰的因果和逻辑推演关系;而动态生成的逻辑推演,就不再是共时性叙事呈现的随机多样和不定性,而是具有相对明确的指向性。

根据作用因素的数量不同,历时性叙事又可分为单因素变化、多因素叠加等不同方式。

1) 单因素演变图解

单因素演变图解,通常指单一因素作用下,或伴随某一特定参数的调节变化,建筑设计相关内容基于同一逻辑的渐进推演,结果发生持续明确的指向性变化。其空间生成的故事发展,正是通过同一线索的持续作用而推动情节。

单因素演变简化理想模型的具体操作是:以建筑设计中的问题对象 A0 为数字图解叙事的原型,通过建筑设计中的操作手段或是影响因素 P 的持续作用,依照时间顺序,图解对象 A0 演变成图解 A1,通过 P 的持续作用再将 A1 演变成 A2,以此类推到 A3、A4 等,完成整个事件的叙事表达(图 5-4)。

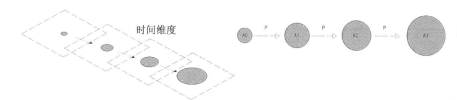

图 5-4　单因素演变的历时性图解流程示意

2) 多因素叠加图解

多因素叠加图解,通常指在动态时间顺序和不同步骤环节的设计操作中,依次叠加多个不同因素的作用,据此生成新的建筑空间形态或设计操作结果。每一步前后的关系因为不同因素的作用,而可能具备不同的逻辑关联。

具体而言,多因素叠加图解的具体操作流程是:在设计中,建筑空间的初始状态在因素 A 的影响作用下生成图解结果 A1;然后置入新的因素 B,通过因素 B 对 A1 进行再次作用,形态发生演变,生成进一步的操作结果 A1B1;依次通过同样的操作置入 C,再通过因素 C 对 A1B1 进行作用,产生变化形成更新的建筑形态 A1B1C1……以此类推。通过多因素叠加的图解叙事,将建筑设计中不同因素对建筑形态的作用以累积叠加的方式表现出来(图 5-5)。

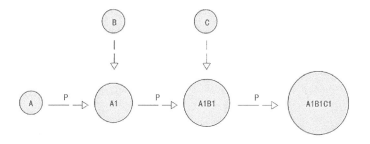

图 5-5　多因素叠加的历时性图解流程示意

需要说明的是,操作过程中的多种不同因素,可以是多种客观的影响因素,如不同外部环境、内部人流等因素;也可能是不同的操作手法或处理方式,如形状、数量、大小的改变。

5.2 数据、变量关系图解

数字图解的基本原料是来自不同领域的数据、变量信息。某种意义而言，图解正是将这些数据信息以特定图示方式加以可视化的展现和表达。在数据可视化、平面设计、视觉传达等不同专业领域，对于信息图示（infographic）也有着各自的分类，具体包括图表（charts）、图解（diagram）、图形（graphs）、表格（tables）、地图（maps/mapping）、列表（list）等。复杂的图示当然还可能包含多种不同类型。不难发现，类似的分类随处可见，且与本书研究的建筑数字图解，无论在字面界定上，还是内涵应用上，都有着不同程度的交叉甚至重叠。其基本流程，往往都是先提出问题，针对问题搜集信息和数据，在分析数据信息基础上确定逻辑关系和框架，进而设计图形，并整合信息加以表达。

但无论如何，本书的重点正是探讨数字图解究竟是如何表达展现这些数据信息之中蕴含的变化和关系。除了5.1节探讨的共时性、历时性操作，又有哪些典型方法在专业内外用以展现上述变化和关系？

5.2.1 差额关系图解

信息图表的参数化设计是一套以逻辑关系与几何形态为基础对信息参数进行分析、解构、重组，形成适合于信息参数合理构建与自我增殖的信息组织模式，其中关键就是数据组织模式。数据组织模式是一种描述信息之间数学关系的参数化方法，一般通过将正负、数值这些可以量化的数学关系转换为相应视觉元素加以体现。[1]

图 5-6　各种典型差额数据、变量关系图解示例

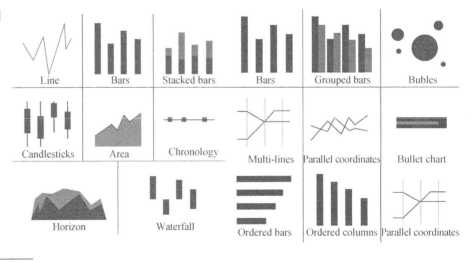

---

[1]　CDCer. 浅谈图表参数化设计[EB/OL]. (2010-08-26)[2022-03-23]. https://cdc.tencent.com/2010/08/26/%E6%B5%85%E5%95%96%E5%9B%BE%E8%A1%A8%E5%8F%82%E6%95%B0%E5%8C%96%E8%AE%BE%E8%AE%A1/.

　　论及数据信息的变化，最直接的可谓差额关系，即数据差别变化的可视化表达——信息化图表。常见的差额关系图示，大多通过以下方法进行操作和展现：点阵、线状、栅栏、面积、饼状、比率、色差等（图5-6）。

　　建筑中较早的经典点阵图解，可算屈米的拉维莱特公园方案，这也是典型的多因素共时性图解阵列；事实上，当代建筑空间的大多数参数化建模图解结果，都以点阵阵列方式，表达参数调节的多样性结果。线性关系图解，也作时序性图解，是典型的历时性图解，通常用于表达空间对象沿时间顺序或特定序列产生的线性变化，可以是直线性变化，也可能是曲线性的，如大富翁棋盘。栅栏图则可在库哈斯著名的西雅图图书馆方案概念图解中看到，常通过栅栏的长短宽窄变化，体现量与量之间的对比关系，在体现变化的同时兼顾相对完整性和秩序性。面积图通常通过同类图形的面积大小，直观反映特定对象的数量关系多少，如建筑面积、人口规模等。饼状图和面积图的逻辑相似，但通常是在一份完整圆形中切分不同份额的扇形面积，展现不同组成部分在整体中所占有的份额和比例大小。这一点也类似于比率关系图。以上所有这些差额关系，基本都是通过图形的形状、大小、长短、高低等差异，体现差额关系。

　　色差图则在此基础上，新增了一个色彩维度——色彩的色相、饱和度和明暗度，又都可以用于反映关系差异，在第3章讨论的软件使用我们可以在情况

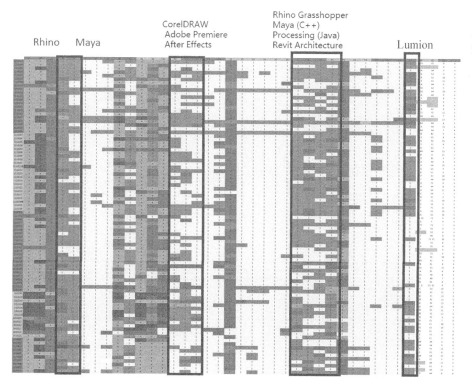

图5-7　2011年软件工具使用状况横向比较图解

问卷调查数据图解,也可以通过赋予不同分值以相应的色块分阶。一张色彩可视化图解可以清晰展现同年、同批问卷调查信息所反映出的软件工具使用状况。图 5-7 中的横轴为不同类别的软件工具,纵轴为同年不同班级的每一位同学,图表内部的不同色块,则标识了不同学生对不同软件工具的熟悉程度。借助这样一目了然的可视化数字图解,既可以在横向上反映同一班级或专业的同学们对特定软件的掌握程度,也能在纵向上比较同类软件在不同班级和专业的普及状况。

5.2.2　系统组织的结构性图解

　　系统组织的结构性图解,要比 5.2.1 节的差额关系更为复杂,不再只是单纯的数据差额比较的可视化表达和图形展现,而更多涉及具体设计内容的系统组织,以反映和表达其中的更深层结构关系。其中既有共时性的空间关系图解(spatial diagrams)和结构关系图解(structural diagrams),也有历时性的序列图解(sequence and serial diagrams)和流图解(flow diagrams)等不同方式(图 5-8)。相关应用随处可见,在此不做赘述。

图 5-8　典型分项关系图解示例

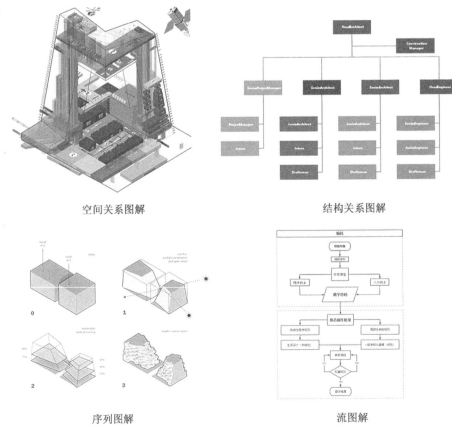

空间关系图解　　　　　　　　　　　　结构关系图解

序列图解　　　　　　　　　　　　流图解

1)《风之旅人》的情绪强度与场景色彩图解

这是一个经典交互游戏空间场景的图解分析[①],其图解操作的关键维度,就是不同进程的情绪强度(emotional intensity)数值差额与不同场景的色调差异和场景氛围之间的系统结构。

结合三幕式和英雄之旅的戏剧结构理论,对《风之旅人》游戏的不同进程阶段进行分幕梳理,并赋予不同进程相应的情绪强度(或译情绪高度)数值,再把数值形成的差额变化转换成相应图表,以此反映时间轴线上情绪随情节起伏所形成的强烈对比和情感体验(图5-9)。如果将情绪数值量化的差额关系,结合不同空间场景的主色调,就可以得到极具戏剧性的情绪色彩图解。这一图解正是综合了本节所述的差额数值关系和色彩色差内容。

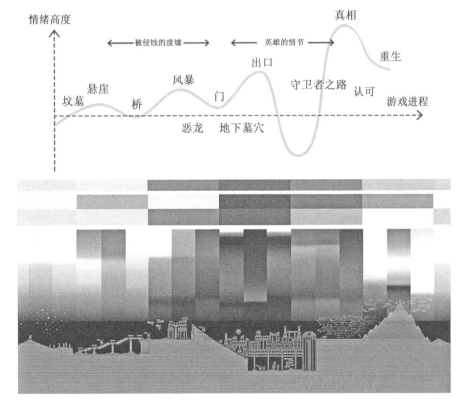

图5-9 《风之旅人》的进程情绪量化差额与空间场景色彩结构图解

2)《后窗》的空间叙事:运动·事件·路径

对于《后窗》这部经典影片中的空间场景及其中发生的事件所进行的

① 本图来源于东南大学建筑学院"数字化技术与建筑"本科课程(主讲/指导教师:俞传飞)作业练习《影像逻辑下的游戏设计:〈风之旅人〉》中基于三幕式与英雄之旅理论的情绪引导与场所营造,图解绘制陈峻印(01117125);相关素材经过一定的调整处理,特此注明并致谢。

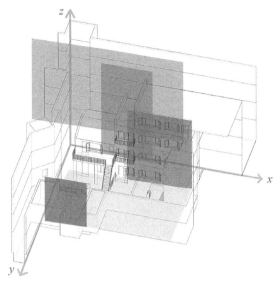

图 5-10 《后窗》空间单元系统结构图解

图 5-11 《后窗》空间叙事的运动·事件·路径结构组织图解

图解分析,综合运用了上述不同结构性系统组织图解的手法。[1]

希区柯克的经典影片《后窗》中故事发生的主要空间场景,在此被归纳为房间、走廊、内院、街道等不同空间单元,并被组织到一套 x、y、z 轴坐标系统结构之中(图 5-10)。在这一套系统结构中,不同的人物运动、事件及其发生的场景、路径,都被组织到一个时空矩阵图解之中,以展示影片的空间叙事结构(图 5-11)。

如果说以上是不同图解操作流程方法的概述梳理的话,接下来的讨论,可算是对建筑空间数字图解的分项操作细化与拓展。其中既有以上涉及的三维分解叠加图解(共时性),也有演变和交互调节图解(历时性),更有图解的动态化与影像化探讨。所有讨论都紧密结合相关图解的实践操作案例进行。

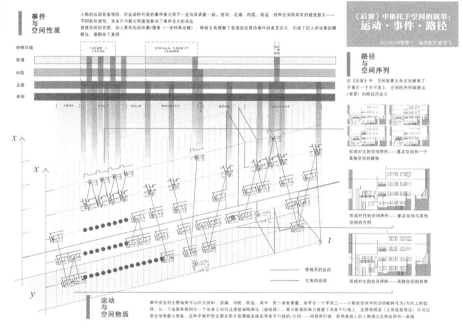

① 本节案例来源于东南大学建筑学院"数字化技术与建筑"本科课程(主讲/指导教师:俞传飞)作业练习《依托于空间的叙事:虚拟影像空间建构与参数化》,图解绘制胡惟一(01118105);相关素材经过一定的调整处理,特此注明并致谢。

5.3　三维分解与叠加图解(关联性)

作为共时性平面图解的升级版本,三维分解与叠加图解更加直接针对三维空间对象,或将设计分析的空间对象或数据信息进行三维建模,利用三维模型、图形在立体层次方面的特性和优势,对需要展现的内容进行分解或叠加处理,提炼表达更为丰富、层次清晰的信息。

如今日渐成熟并普及的建筑信息模型(BIM),就是数字建筑领域最为典型的专业三维信息系统。建筑数字图解可以利用基于 BIM 技术的三维模型信息,根据不同需要,选取不同视角对建筑模型进行不同信息的提炼处理(如空间、体量、功能、流线,甚至结构、设备、管线等),使得三维视角下的模型可以根据不同的表达意图进行不同形式的图解变换,同时可以通过线型、色彩、透明度等不同方式对相关对象进行展示、分析和表达(图 5-12)。[①]

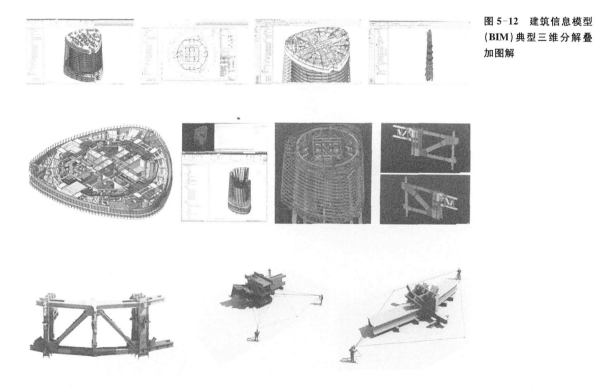

图 5-12　建筑信息模型(BIM)典型三维分解叠加图解

基于三维分解与叠加的数字图解,在上述信息模型的典型处理之外,还可用于表达空间中的场景、事件等更为复杂的内容对象。需要说明的是,建筑数字图解的空间对象,除了传统意义上的实体物理空间之外,随着数字技术在虚拟设计领域的不断拓展,也更多地包含了虚拟空间设计对象。其中既有传统

① 伍伟侨. 当代建筑数字图解的叙事性特征及其应用[D]. 南京:东南大学,2016.

电影影像中的空间场景,也有虚拟现实技术支持下越来越多的互动影像空间。从这个意义而言,数字影像不仅是空间表达的技术手段,其中所容纳的新兴虚拟空间,也完全有可能成为专业设计操作的对象。

相关操作正是本节重点讨论的内容,因为这也赋予数字图解更新的维度——它不仅是三维空间或实体信息对象的直白展现,更可以在共时图解中,通过分解叠加方法操作,表达丰富的时间性活动,甚至跨越时空的内容。

5.3.1 空间事件图解

对空间事件进行的数字建模和图解分析,需要综合传统建筑学意义上的平面图纸和分解轴测模型,并在其上叠加节点空间的透视场景,添加必要的行动轨迹标识。以影片《恐怖游轮》为例,相关空间事件图解[①]运用了上述一系列专业分析方法,用以展现影像叙事中包含的时空轮回复杂事件。

1)展开平面空间事件分析

事件中不同人物在游轮这一封闭空间的不同位置所进行的一系列活动,均在相关场景的平面图中进行了初步展现。主人公的活动轨迹,包括游轮上的剧场、狭窄的设备通道、拥挤的厨房,以及若干半开敞的甲板空间(图 5-13)。

图 5-13 展开平面空间
事件分析图解

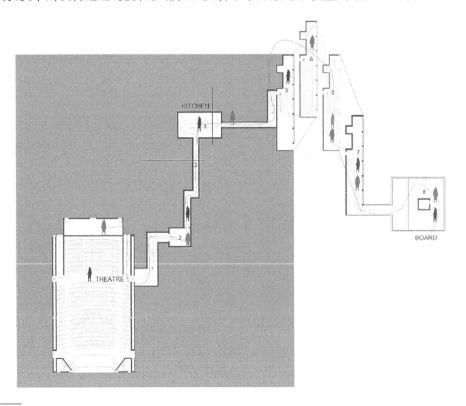

---

① 本节案例来源于东南大学建筑学院"数字化技术与建筑"本科课程(主讲/指导教师:俞传飞)作业练习《恐怖游轮虚拟空间解析》,图解绘制王奕阳(01113211);相关素材经过一定的调整处理,特此注明并致谢。

2) 空间蒙太奇的场景叠加

从剧场到甲板的一条连续路径,不同空间对应着不同活动。对活动空间的数字建模,以轴测分解图的方式进行了呈现,并在此基底上叠加了若干影像叙事中的事件场景(图5-14)。

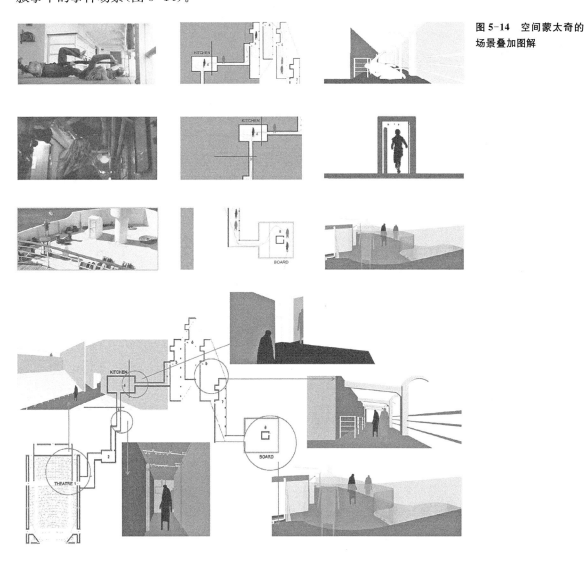

图 5-14　空间蒙太奇的场景叠加图解

3) 空间事件的套叠分析

作为复杂时空轮回事件的图解表达,不同人物的平行分离状态,及其在关键节点的视线交叠和流线交织,乃至最后的冲突高潮,则以平面分析图叠加透视场景的方式加以展现(图5-15)。

影像叙事中的框景,类似建筑空间的透视截取或剖切展现,让观者了解其中的人物行为与事件发生的时间顺序的同时,感受空间场景的特质。反之,建筑设计者及空间的操作者,又正可借鉴于此,创造富有事件性的活力空间。

图 5-15 空间事件的套叠分析图解

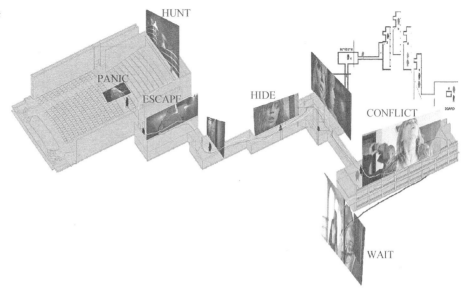

5.3.2 空间场景拼贴图解

对空间场景进行拼贴的数字建模和图解分析,在手法上并不复杂,大多只是对常规三维模型的轴测或透视截取和叠加。但其中的关键,可能在于拼贴手法的操作,并非简单意义上的内容对象并置,而是借此展现设计者或创作者对相关对象的处理所欲表达的理念。以《机械姬》[Ex Machina,场景设计:马克·迪格比(Mark Digby)][1]为例的空间场景拼贴图解[2],表达的恰是对四个不同地点的不同建筑实体空间所进行的场景拼贴,而在影像叙事中作为一幢连续的建筑空间加以展现。

1) 不同空间场景的分解轴测

本案例首先对影片中出现的四个不同场景原型进行了分解轴测图解建模(图 5-16),这四个场景的原型建筑分别是:

① 挪威山区的 Juvet 景观旅舍(Juvet landscape hotel,Norway)、② 挪威西部夏季度假屋起居部分(Summer House Storfjord—Livingroom,Western Norway)、③ 挪威山区的 Juvet 景观旅舍(Juvet landscape hotel—River sauna,Norway)、④ 地下部分柱廊、卧室等,伦敦工作室布景(the Basement:Corridor,Caleb's Bedroom and Ava's Space built in a studio in London)。

---

① 场景设计:Mark Digby,2015 年奥斯卡最佳视觉特效奖获得者。
② 本节案例来源于东南大学建筑学院"数字化技术与建筑"本科课程(主讲/指导教师:俞传飞)作业练习《建筑蒙太奇:机械姬中的场景重制》,吴则希(01114321);相关素材经过一定的调整处理,特此注明并致谢。

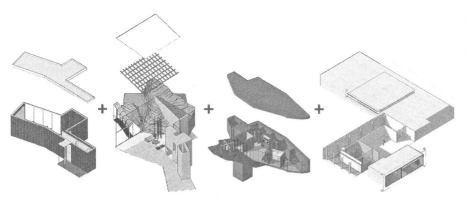

图 5-16　四个不同空间场景原型建筑的建模图解

2) 四个空间场景的叠加拼贴

从入口处丛林掩映的木屋,到进入后走下楼梯见到的嵌合于山石间的起居空间,到视线开阔的餐厅和户外平台,再经封闭的地下柱廊最终停留的地下卧室,这一系列看似流畅的空间体验,其实是两个国度的四个独立建筑叠加拼贴的空间场景(图 5-17)。

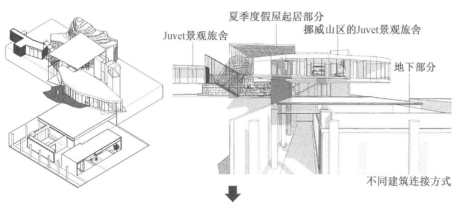

图 5-17　四个空间场景的叠加拼贴图解

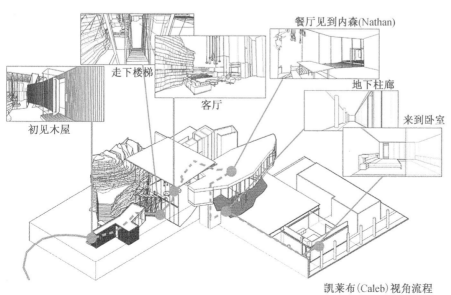

由此可见,三维模型和空间场景的拼贴叠加,一方面可以跨越空间距离,让不同地点的空间对象共时呈现在一个连续的场景中;另一方面,此类图解操作手法,也能在解析相关影像叙事背后秘密的同时,让专业设计者(不仅是建筑师)在对设计考量所需的素材进行处理时,获得更多的自由和发挥。

5.3.3 时空系统的叠加图解

针对阿兹海默症的特定人群及其特殊的空间事件感受,接下来的这套图解综合前述的分解与叠加手法,通过空间(包括家具)的模块化处理和不同时间维度的叠加运用,有效展现了主人公异于常人的丰富混乱记忆和相应的空间体验效果。[①]

1)一套空间框架分解生成的三个空间原型

影片本身的故事场景,几乎集中在一套空间框架之中,而仅只通过替换其中的家具模块,建立了三种色彩倾向和细节各不相同的空间原型(表5-1)。在相应的分析图解中,这三个空间原型,结合影片中的呈现,被赋予黄、绿、蓝三种不同颜色,分别指代老人、女儿的家和养老院空间。

表5-1 三个空间原型的分析及不同场景房间的家具模块索引图解

2)空间模块的分解索引

每个空间场景原型的不同房间,如卧室、书房、客厅等,又可以结合各自的家具模块,被赋予不同空间的印象和特色(表5-1)。在相应的索引图解中,一个同样房间可以通过不同家具模块的组合,表现为不同空间场景中的房间。

---

① 本节案例来源于东南大学建筑学院"数字化技术与建筑"本科课程(主讲/指导教师:俞传飞)作业练习《错乱记忆背后相似叠加的模块化逻辑》,刘琦琳(01118106);相关素材经过一定的调整处理,特此注明并致谢。

3）空间事件和相应时间的提取叠加

在分别提取了影片发生场景的空间原型,以及不同原型中结合家具布置生成的不同空间模块之后,可以分别以时间为线索梳理不同场景中事件的发生序列,生成历时性分析图解(图 5-18);也可以以空间场景为模块,提取叠加出不同人物在其中的活动,并生成一个清晰的共时性矩阵图解(图 5-19)。其中的不同空间模块和人物,都结合前述方式赋予了不同色彩。

图 5-18 不同空间场景中的时间线索和事件分析图解

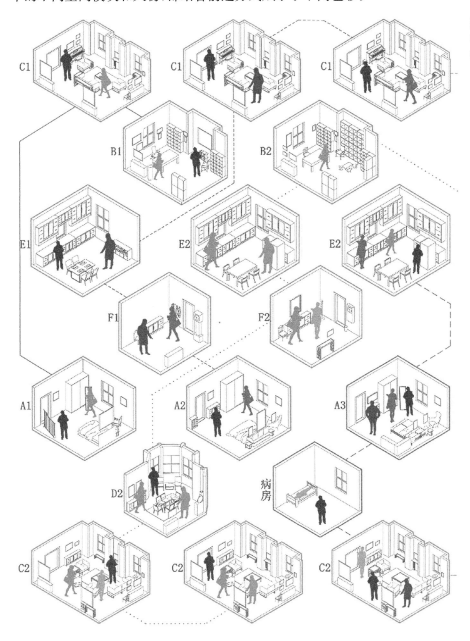

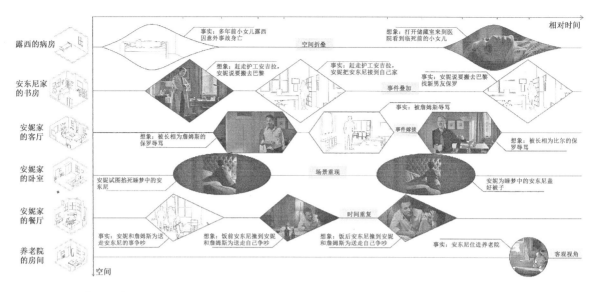

图 5-19 不同人物活动的空间模块分析矩阵图解

5.4 动态生成与交互调节(时序、推导)

作为历时性图解的升级版本,基于时序和推导生成的演变与交互调节,是建筑数字图解中的典型应用方法。

5.4.1 一键生成的古典游廊图解

建筑空间的生成图解,为了展现相关设计因素及其与空间结果之间的相互影响和关联关系,在选择和设定相关参数之外,更重要的是推敲和建立动态逻辑联系。中国古典园林中的游廊,作为要素简洁的线性空间,在参数化建模生成的过程中,恰能体现设计影响因素与空间形态的演变及其动态调节流程。[①]

1)古典游廊的原型抽象与构造解析

古典游廊可以抽象为三维变换的曲折线性空间,在平面上随景而动、随行而变的方向,在标高上则须顺应不同的地形高差。在 Rhino 软件参数化插件 Grasshopper(GH)平台下的空间原型,也就可以先处理为三相坐标变换的线条,再赋予线条宽高等空间属性(图 5-20)。

而构成这条线性空间的组成部分,也可以结合古典游廊的传统木作方法,简化为栏板、梁柱、屋顶等基本构件要素和相应构造关系。每个组成部分的模型建立,则可以根据需要,不断细化添加构造细部,包括梁柱上的檩椽、转折起伏的挂落、屋顶的屋脊瓦作等(图 5-21)。

---

① 本节案例来源于东南大学建筑学院"数字化技术与建筑"本科课程(主讲/指导教师:俞传飞)作业练习《廊子是一键搞出来的》,殷悦(01517109);相关素材经过一定的调整处理,特此注明并致谢。

图 5-20　古典游廊线形提取与空间生成图解

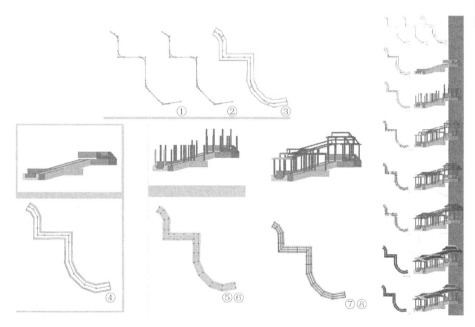

图 5-21　古典游廊构造要素的细部生成图解

2) 优化廊道的一键生成和动态调节图解

经过上述操作,在 GH 平台建立成套的关联生成机制之后,即可回到游廊最初的设定条件,仅只设定廊道的延展方向和高低起伏这一基本线条,即可一键生成相应的空间形态和技术构造细节(图 5-22)。

换句话说,传统景园设计中的游廊设置,可通过相关数字建模图解,体现游廊空间的生成;并将设计者从复杂建模的繁冗重复中解脱出来,专注于游廊空间本身在设计上的视景、游线关系,并随时随意进行调节。

图5-22 古典游廊的动态调节图解

5.4.2 Block'Hood 的空间生成及交互图解

　　和主流的参数化建模平台及基于脚本编程的生成设计工具不同,目前主要存在于交互游戏平台的城市与建筑建设模拟工具,在动态操作生成空间模型图解的同时,更赋予空间生成和交互调节更为丰富的内涵:其一是设计考量的因素不仅是传统意义上的形态、流线、功用,而且把生态环境甚至经济效益,纳入模型的动态操作之中;其二是上述因素的拓展不再是额外的图形操作,而是实时更新的动态可视化,且自带相应的数据指标评估,为设计优化提供最为即时直观的参照。此类工具平台从由来已久的模拟城市[①]系列,到Block'Hood[②](以下简称"BH平台")这样的独立作品,为专业设计者和业余爱好者们,提供了复杂的专业工具之外的选择。本节两个例子正是BH平台模型对经典建筑作品的图解生成,但其重点并非传统的形态表象,而是其内在的组织逻辑和交互调节达成的动态平衡系统。

1) 蓬皮杜艺术中心的 BH 平台模型图解

　　本案例在 Block'Hood 平台对蓬皮杜艺术中心进行动态建模模拟。[③] 在BH平台数量有限的功能模块和相对规整的模块化建造体系中,该模拟参照蓬皮杜艺术中心的设计理念,重点重塑了一个动态平衡的空间结构体系(图5-23)。

　　① 模拟城市游戏包括早期的 SIM CITY 系列和近期的 SKYLINES(城市天际线)等。

　　② Block'Hood(中译"方块建造")是南加利福尼亚大学建筑系何塞·桑切斯(Jose Sanchez)教授团队设计的模拟游戏,以追求生态平衡和资源经济为目的,进行垂直城市社区的建造模拟。

　　③ 本节案例来源于东南大学建筑学院"数字化技术与建筑"本科课程(主讲/指导教师:俞传飞)作业练习《合理分配的艺术 Block'Hood 蓬皮杜》,高居堂(01115213);相关素材经过一定的调整处理,特此注明并致谢。

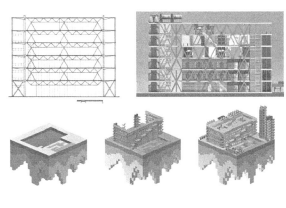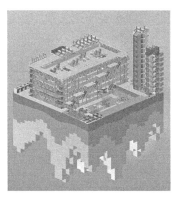

图 5-23 蓬皮杜艺术中心的 BH 平台模型动态建模过程图解

首先参照蓬皮杜艺术中心的柱网间距和层高，结合 BH 平台模块进行柱网模数的简化和转换；然后结合相关资料，选用 BH 平台特定功能模块，进行建筑功用和效能的模块转化；最后再根据实际的文化艺术产业及公共活动筛选模块，动态调节资源循环和文化输出网络，最终实现平台内相关资源和参数体系的动态平衡（图 5-24）。

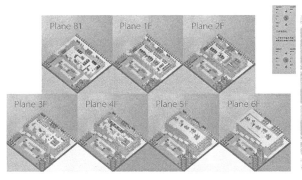

图 5-24 蓬皮杜艺术中心的 BH 平台模型功能单元资源平衡图解

2）麻省理工学院学生宿舍楼的 BH 平台模型图解

基于类似思路，本案例在 BH 平台对斯蒂芬·霍尔（Steven Holl）设计的麻省理工学院学生宿舍楼（Simmons Hall）进行了动态模拟和图解分析。[①]基于海绵空洞原型处理的宿舍楼，其结构悬挑框架的荷载应力分析图解，被直接转换为显示建筑相应区域墙面的色彩喷涂。

BH 平台的建模模拟，也对其单元结构进行了模块的简化和对照转换，并对照于上述结构应力分析图解。而最终建成的模型，又可以利用平台中的结构强度可视化图层，对照于原有的结构应力分析，展现二者的一致性（图 5-25）。宿舍楼中的不同功能，也被对应于相应的功能模块，包括宿舍和公寓单元、公共空间对应图书馆、服务设施对应餐饮小店等。不同模块组成的城市建筑综合体，须在平台内保持动态的运行平衡（图 5-26）。不同季节和早晚的环境变

① 本节案例来源于东南大学建筑学院"数字化技术与建筑"本科课程（主讲/指导教师：俞传飞）作业练习《对于 Simmons Hall 在 Block' Hood 的再诠释》，薛琰文（01517111）；相关素材经过一定的调整处理，特此注明并致谢。

化,也能在 BH 平台模型中实现动态调节。

图5-25　麻省理工学院学生宿舍楼的 BH 平台模型结构应力图解

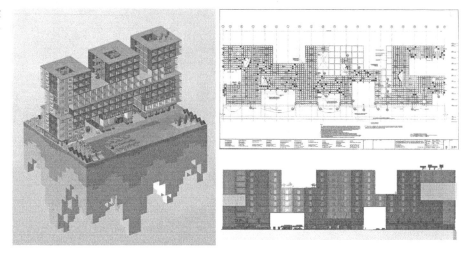

图5-26　麻省理工学院学生宿舍楼的 BH 平台模型功能模块及动态运行图解

6 建筑空间的数字图解综合例析

在讨论了建筑空间数字图解的数据信息、内容要素和方法流程之后,有必要结合上述讨论,进行更为综合性的案例解析。虽然之前每个章节都已经不同程度地结合相关案例,分析探讨了数字图解的特定方面,但是本案分解动作的连贯组合,乃至各个方面的综合应用,相信有助于我们更为深入地探究建筑空间的数字图解。本章的综合例析,主要包含针对传统建筑命题和实体空间的参数化建模对象,同时也对更为新兴的对象——影像虚拟空间对象,进行一系列的数字图解综合分析。后者将为本书后半部分的数字影像表达,实现研究内容的承上启下和转换准备。

6.1 参数化建模的数字图解

参数化建模工具和方法,可以充分利用建筑空间的相关数据信息,结合这些数据信息所对应或指涉的影响因素,即特定建筑要素,进行有效的历时性操作或共时性展现表达,可算非常典型的数字图解综合应用。不同数字图解中的操作处理,大多运用了相关参数化建模工具,将特定要素设为参数变量,通过设计过程的调节比较,获得优化结果,进而解析数字图解中的特定建筑相关设计因素,体现特定的图解流程和方法。当然有关建筑的数字图解,远非只是参数化建模所能涵盖,但其上述特点,在目前的数字技术辅助建筑设计和表达中,具有足够的典型性和代表性。

6.1.1 泰森多边形在不同尺度层级和维度的空间图解分析

泰森多边形作为一种典型的参数化建模算法和处理规则,如第 3 章相关章节已经讨论的,是空间区域划分和组织的有效手段,在大到城市、小到建筑的不同尺度层级,以及从平面表皮到三维空间的不同维度中被广泛应用。它既提供了一种强烈的形式语言,也提供了一种空间组织的逻辑。

1) 从大尺度到小尺度
本案例试图在乡村环境的自然地形之中,以泰森多边形切分场地组织路网,然后在其间像春日播种般散落不同功能建筑和构筑物,形成不规则生长模式的乡村产业和儿童游戏学习设施,并在从地块街区路网到建筑形态和表皮肌理等不同层次应用泰森图形的图解分析[①]（图 6-1）。

图 6-1 新伊甸园（New Eden）方案图解

——以泰森多边形为例，基于Grasshopper探究参数化在不同尺度层级下对设计的影响

（1）城市街区地块道路的分级筛选和优化

和传统设计操作基于正交网格轴线控制地块划分不同，基于泰森多边形的空间分隔中，地块的位置、大小是由其与相邻地块控制点的距离和角度决定的，因而更为接近自然肌理和脉络特征。结合场地内外的道路、湖泊等"干扰"因素，分别进行双层平面泰森多边形路网的生成和深化调节（图 6-2）。

图 6-2 二维泰森多边形路网的生成及调节图解

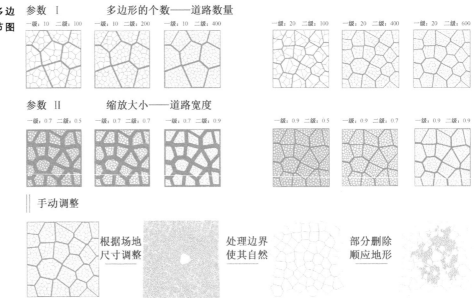

① 本节案例来源于东南大学建筑学院"数字化技术与建筑"本科课程（主讲/指导教师:俞传飞）作业练习《参数化在不同尺度层级下对设计的影响》,刘琦琳（01118106）;相关素材经过一定的调整处理,特此注明并致谢。

（2）建筑立面表皮细部的放样和细化

最小尺度的建筑立面表皮处理，是将二维泰森多边形分隔，赋予立体空间中的建筑表面，并非简单的二维平面分割。除了常规的随机散点、曲面切割等操作步骤，还可结合表皮开洞数量、干扰点数量，甚至洞口到干扰点的距离等参数，赋予表皮更多细部的调节（图6-3）。

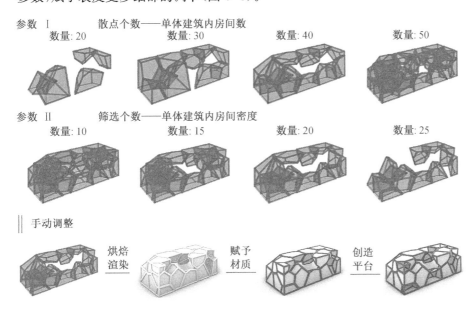

参数 Ⅰ 散点个数——单体建筑内房间数
数量：20　　数量：30　　数量：40　　数量：50

参数 Ⅱ 筛选个数——单体建筑内房间密度
数量：10　　数量：15　　数量：20　　数量：25

手动调整

烘焙渲染　　赋予材质　　创造平台

图6-3 建筑表皮的放样和细化图解

2）从平面分割到立体分隔

二维平面的分隔、调整和干扰图解，可以是城市或自然环境的大片区域，也可以是立面表皮的小块构造。更进一步，其中三维立体空间的体量规划和内部切分，也可以大到城市结构和空间体量分布，小到单体建筑对象的整体形态和内部空间单元。[①]

（1）地块内部的三维体量空间规划

城市结构或自然肌理与泰森多边形的自相似性，可用以规划城市地块及其中建筑的体量和空间结构。较为简单直白的思路，包括在生成的路网和地块中，将地块面积大小和建筑体量高低进行一定的逻辑关联，如地块越小，体量越高等。也可以在更大范围内，设置影响因素（干扰点或线），结合建筑体量与干扰点的距离等因素调节体量高低（图6-4）。

（2）建筑内部的三维空间生成和操作

不同细分地块中的建筑形态，则是在一定体型范围内进行的泰森多面体分隔和筛选。在初步生成的结果中，调节散点个数以确定建筑体量中的功能单元房间数量；筛选房间数量，以确定房间单元的组成有合适的密度（图6-5）。这个

① 本节案例来源于东南大学建筑学院"数字化技术与建筑"本科课程（主讲/指导教师：俞传飞）作业练习《泰森多边形对于建筑表皮与空间生成的应用探究》，张卓然（01116110）；相关素材经过一定的调整处理，特此注明并致谢。

尺度层级的最终形态,当然还是设计者进行手动调整和人工判断的结果。

图 6-4　建筑体量在地块内部的生成及调节图解

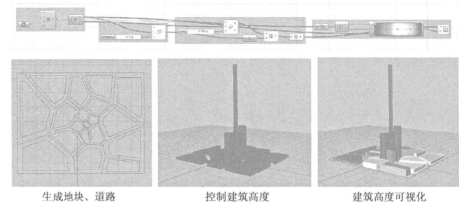

生成地块、道路　　　　　控制建筑高度　　　　　建筑高度可视化

深化 1:生成地块与道路,并使得用地面积越小的地块建筑高度越高

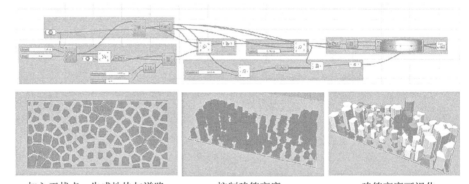

加入干扰点,生成地块与道路　　　控制建筑高度　　　　　建筑高度可视化

深化 2:在较大的区域内进行地块规划,在城市中心区设置干扰点,使得地块较密且建筑较高

图 6-5　建筑体量和空间单元形态的生成及调节图解

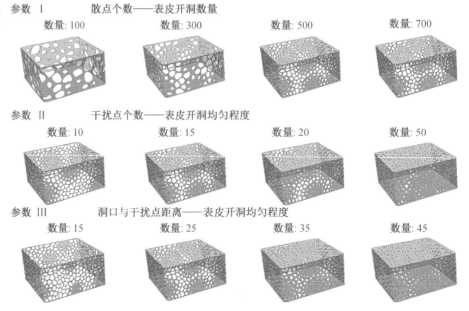

参数 Ⅰ　　　　散点个数——表皮开洞数量

数量:100　　　数量:300　　　数量:500　　　数量:700

参数 Ⅱ　　　　干扰点个数——表皮开洞均匀程度

数量:10　　　数量:15　　　数量:20　　　数量:50

参数 Ⅲ　　　　洞口与干扰点距离——表皮开洞均匀程度

数量:15　　　数量:25　　　数量:35　　　数量:45

更进一步,上述空间单元的体量处理,还可选取部分为实体部分留空,以此调

节公共空间和私密空间的虚实分布；在此基础上，通过随机点阵的正交处理，实现空间体块之间分隔面的垂直水平化，以符合空间的常规活动使用需求（图6-6）。

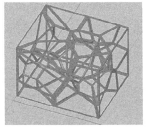
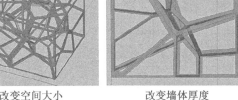

图6-6　建筑空间单元的虚实和正交化调节图解

改变空间大小　　　　　　改变墙体厚度　　　　　　改变边界颜色

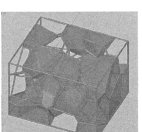
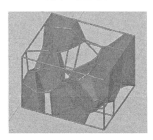
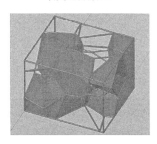

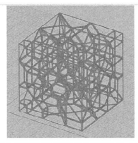
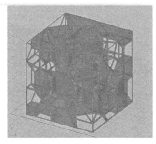

（公共空间）调整空间功能公布

以上两个部分的讨论，是从大到小、从平面到立体的两个反向对仗。又都是在一定空间范围内的随机点生成条件下，进行的一系列后续操作。具体操作内容在每一步又可以被赋予不同的数据信息和建筑因素，结合泡沫理论、仿生思想等内容，通过数字建模图解操作，引入城市、景观、建筑、构造乃至装置等设计领域。

需要注意的是，泰森多边形算法本身并非设计的底层逻辑，也无法取代设计的真正出发点——矛盾和问题的解答，更多是为设计者提供某种解决的途径——空间分隔的方法，甚或某种个性鲜明的形式语汇——空间组织的逻辑体系。它可以贯穿不同尺度、不同维度，形成自然有序的统一形态，也可能仅只应用于设计的某个环节，或空间的某些方面。

相关数字图解也可能给初学者造成的某种印象是，参数化建模操作要求明确的因果关系和逻辑关联，因此和传统意义上的草图图示思维大相径庭。其实这种差别与其说是模糊与清晰的不同，甚至有无逻辑的差别，不如说帮我们了解并清晰，设计中始终需要的逻辑推演，正是在数字图解的帮助下，以更为直观明晰的方式得到了反映和表达。

6.1.2 电子竞技空间的参数化建模图解

　　除了传统实体建筑空间的数字图解,虚拟空间的相关内容,也可以通过参数化建模的方式进行相应的数字图解。和传统实体空间不同,虚拟空间如电子竞技空间中的使用者(player)进行的是和现实日常生活迥然不同的行为,模拟的是诸如警匪双方战斗的攻防对抗行为,目标明确,相对单一,因此空间涉及的数据信息也重点突出——为满足胜利条件而追求的运行路线的快捷流畅,对战双方的主要交火地点(location),节点空间的最佳视线视域,空间掩体的遮蔽度等。① 所有这些的相关图解,和通常意义上的空间图解,各有其趣,原理相通。

1)典型地图空间解析

　　地图的解析涉及区域主要路线的拓扑结构关系图解(图6-7)主要以平面方式进行标识,也可延伸为对抗双方控制范围和对抗区域的划分、节点空间的视野掩体特征等。节点重点区域的解析(图6-8)则增加了相应体块模型和透视场景的截图。这些图解,又为接下来利用参数化建模工具进行地图的模拟生成,提供了有效的数据信息和参照。

图6-7　地图空间的拓扑结构关系图解

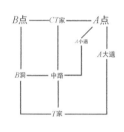

■ 区域之间的拓扑关系

手工制作和程序生成地图对比

地图重要区域位置示意　　　各区域连接示意　　　拓扑关系提取

图6-8　地图空间的节点体块模型图解

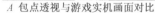
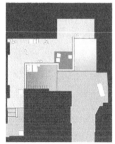

A 包点透视与游戏实机画面对比　　　*A* 包点平面图

　　① 本节案例来源于东南大学建筑学院"数字化技术与建筑"本科课程(主讲/指导教师:俞传飞)作业练习《CS地图虚拟空间参数化建模》,潘天睿(01518124);相关素材经过一定的调整处理,特此注明并致谢。

2）典型地图空间解析

通过对两张代表不同游戏模式的典型地图的图解分析,提炼其中空间特征。对应于上述各步图解,随机地图的建模生成,也是从拓扑路线网络的建立开始的(图6-9)。路线在数字图解中并非简单的线性道路,而是具备不同宽窄长短的"负空间"序列,而且包括不同路线的叠加形成路网空间。在此基础上,反转处理出地图的正形实体(图6-10)。

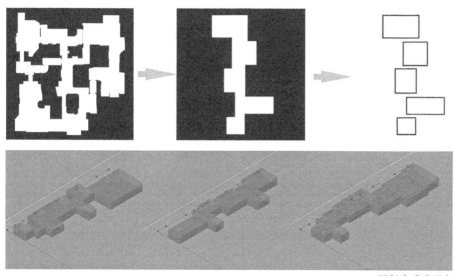

图6-9 地图网络的道路"负"空间原型图解

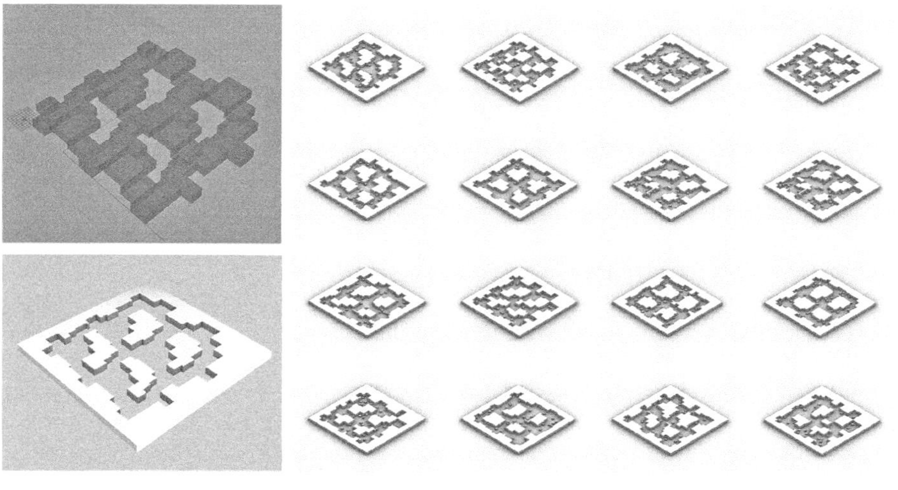

随机生成路示意

图6-10 地图网络的"正"空间模型生成图解

现有数字图解虽已轴测图形显示,但主要依赖平面属性,并非纳入原有地图空间的丰富高差;而不同高度对活动影响显著。其他诸如掩体遮挡、线性街道路线空间的级差丰富性,甚至不同路线运行的时间差等因素,暂时都难以在这套图解中进行操作和考量。这一方面囿于图解分析与表达的有限,更多则源自软硬件限制,以及更为深层的设计操作者对空间对象及其中人物行为的内在逻辑把握的不足。

案例的评述和本书对数字图解的研究解析,形成互文——一方面试图通过案例来例证数字图解在信息内容和方法上的特性;另一方面,案例的选用及其中所包含的内容,有可能反过来影响甚至限制了数字图解的思考和探讨。

6.2 影像空间的参数化图解分析

和本书后半部分将主要讨论的空间的影像(表达)相比,这里出现的影像空间,似乎是一个更小范围的概念;二者并非简单意义上的词序转换问题,而是一个看似区别明显,实则相互交缠的概念。

前者,空间的影像(表达),既算动词,指针对建筑空间对象,运用影像工具方法进行的解析表达;也算名词,意指以空间为对象的影像载体,当然也包括数字媒体影像。而其中的空间对象,既包含传统意义上现实中的物理空间对象,也包含存在于影像媒介之中的虚拟空间对象,如电影空间、电子(游戏)空间等。这些都将是本书下篇的主要研究探讨内容。

后者,影像空间,特指影像媒介中的虚拟空间;细分之下,则既包含传统意义上的电影空间场景(及其承载的活动事件等因素),也包括当代数字技术应用发展带来的数字影像中的空间对象。

本节接下来准备探讨的例析,正是对此处界定的影像空间所进行的一系列图示解析。

6.2.1 单一封闭空间中的时间呈现

图 6-11 牢狱空间常规建模图解[①]

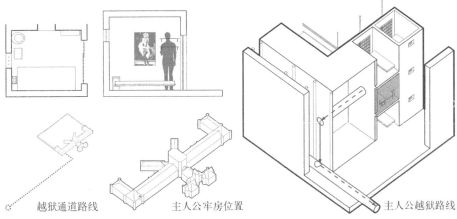

越狱通道路线　　　　主人公牢房位置　　　　主人公越狱路线

单一封闭空间,在常规体验中是非常单调乏味的。如果再加上毫无个性

① 本图源于东南大学建筑学院"数字化技术与建筑"本科程程(主讲/指导教师:俞传飞)作业练习《肖申克的救赎片段空间分析》,图解绘制谭新宇(01115314);相关素材经过一定的调整处理,特此注明并致谢。

的大量重复设置,或是其中长期停滞的时间流逝,就给人感觉更加难以忍受。而一旦这样的空间对象,在影像故事中被赋予极端情况下的戏剧性事件,或成为事件发生的唯一载体,则会让人们体验到截然不同的空间感受——关键是如何在影像之外,让人们体验到单调空间中的时间变化,呈现出特定事件在其中的发生及其影响,进而赋予观者更为深刻的体验感受。

电影《肖申克的救赎》(*The Shawshank Redemption*)反映的是主人公在其被困的牢狱空间中历时二十年的脱逃经历。除了影片中丰富的影像叙事细节,单就这一令人惊叹的空间事件而言,要想在建筑专业的空间图解中,对这个单一封闭空间中的时间历程加以呈现,主要困难和挑战正是常规建模图解之外数字图解的优势所在。

1）牢狱空间的常规建模图解

通常的空间图解思路,自然是对影像中反映的特定空间进行忠实的建模还原,尤其是故事发生的主要场所——电影中的单人牢房,一个典型的单一封闭空间。这个空间在建筑学意义上而言,自然是单调乏味,且缺乏吸引人的细节体验。因此在空间还原的过程中,监狱建筑的丰富性甚至都远大于牢房本身(图 6-11)。真正的难题是,即便充分展现了这个空间并不复杂的细节内容,似乎也难以传达这一空间中所发生的令人震撼的事件,以及事件所赋予空间的,由此而来截然不同的时间性体验。

2）脱狱历程的时间呈现数字图解

因此要转换图解表达的思路——此处的单一封闭空间,重点并非其空间细节,而是其作为空间单元,在日复一日经年累月的单调重复中所扮演的角色。这个事件的空间体验关键,正是几乎毫无变化的单一空间对象中,缓慢流逝却量变到质变的时间呈现。因此该空间图解的主要数据就是时间的量化和呈现:20 年,每年 12 个月,每年 365 天,共计 7300 余天;其中的变量,还包含时间变化同时,唯一变化的空间因素——用以脱逃的墙洞深度,短短数米的距离在 20 年时间里,日复一日一点点的掘进;当然还包括这个过程中的随机干扰因素——主人公所遭遇的若干致使时间进程停滞的意外事件。

综合以上数据信息,化繁为简,直击要害——这个单一封闭空间中的时间呈现数字图解,就变成了一组典型的参数化模型阵列(图 6-12)。在每日一格满满 20 年 7300 天的图解矩阵中,抽象简洁却极为精准地呈现了越狱事件令人窒息的空间体验。单日看来几无变化的剖面墙洞,缓慢却微妙的掘进深度在漫长的坚持之后的质变,以及其中若干随机事件带来的空白停滞,都以序列

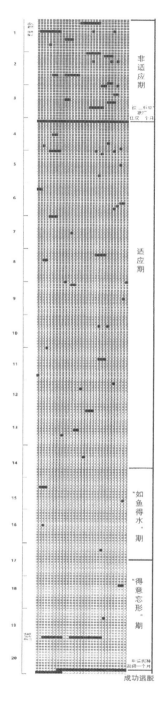

图 6-12　牢房空间(墙洞)变化的时间序列图解

动态的方式，一目了然。而这个数字图解背后的空间—时间体验更是令人扼腕深思。

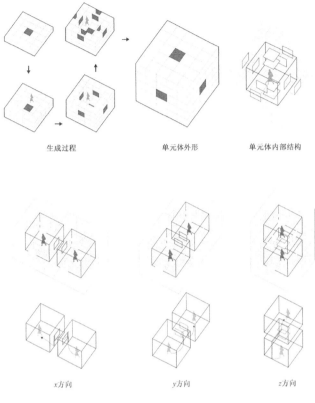

生成过程   单元体外形   单元体内部结构

x方向   y方向   z方向

图6-13　空间矩阵的单元构成图解

6.2.2　空间矩阵中的事件轨迹图解

比单一封闭空间远为复杂的，恐怕是影片《立方矩阵》(CUBE)系列中，仍由单一立方体空间组成的动态矩阵迷宫。在这个矩阵空间中发生的复杂故事，如果要用数字图解的方式加以解读呈现，并尽力传达出矩阵空间中迷宫般的体验，则是一番专业设计的挑战。[①]

1）矩阵单元的空间构成图解

数字图解以三维轴测分解方式开展，先从矩阵单元的空间组成要素入手。矩阵单元空间的基本要素，包括单元的基本构造、单元之间的通道，及其不同方位和联通方式，乃至整个矩阵形成的立体巨构迷宫空间(图6-13)。基本空间单元的尺寸数据、整体外形和内部结构，都在轴测图解中有所展现。

2）矩阵空间的事件轨迹图解

结合影像空间中几位不同人物的行为活动和相关事件，此处的图解分为两个部分。一个是空间矩阵的轴测图解，其中标识了故事发生的空间单元在矩阵中的空间方位及其运动轨迹(图6-14)；另一部分是不同人物的事件遭遇随时间变换的图形列表(图6-15)。这两个部分的同步联动，以序列图解的方式，表达了空间与事件的动态呼应，也有效展现了矩阵空间中的行为事件和体验。

需要强调的是，和通常所见的图示根本的区别，在于这里的图解多指运用参数化建模方法，对影像空间对象中的数据信息进行的动态分析操作，力图反映空间场景中的活动事件，以及与之相伴的特殊空间体验，而非单纯意义上的空间场景建模还原和图示再现。

之所以有此强调，还因为在空间的影像中，或针对建筑空间的数字影像表达中，真正有别于传统静态图像的重点，正是其中承载的活动事件赋予空间的

① 本节案例来源于东南大学建筑学院"数字化建筑"研究生课程（主讲/指导教师：俞传飞）作业练习《虚拟影像空间解析》，王振宇(150022)；相关素材经过一定的调整处理，特此注明并致谢。

含义，及其带来的动态交互体验。而这也正是本书下篇即将展开的研究讨论对象——建筑空间的数字影像表达——所具有的基本特征。

图 6-14 矩阵空间单元
方位及运行轨迹图解

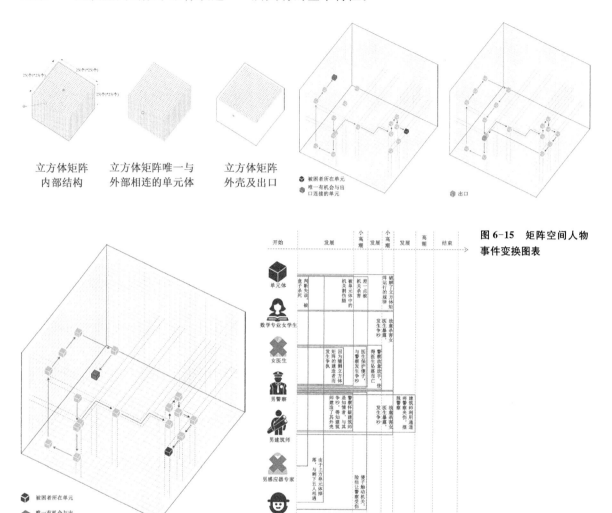

立方体矩阵
内部结构

立方体矩阵唯一与
外部相连的单元体

立方体矩阵
外壳及出口

图 6-15 矩阵空间人物
事件变换图表

下篇　建筑空间的数字影像解析

7　空间影像解析的界定及其技术应用

此处讨论的虚拟空间影像及其实时交互空间的解析与表达,既包含传统影像中空间场景的解析,更指在计算机辅助制图建模和传统影像渲染剪辑基础上,基于更新实时渲染的三维互动引擎(如 Unreal、UNITY3D、CryEngine 等)和虚拟现实相关技术(VR、AR、MR)系统,设计生成的三维空间影像及其动态交互的操作表达。因此本章涉及的建筑空间影像以及建筑空间的影像表达,既有对其作为工具媒介不同于传统设计工具特点的应用研究,也有对其作为设计操作对象有别于传统实体物理空间的特征体验和理论反思。

数字技术早已极大影响并丰富着建筑设计的思维方式、操作流程,乃至设计的操作对象。从最初的计算机辅助制图,到如今不断成熟的参数化建模、建筑信息模型(BIM),以及基于不同算法的运算生成工具和操作平台,都通常着眼于实体空间对象及其表征的模拟、运算和评价。但设计的推演和呈现,仍大多基于片断切换式的二维介质或界面,而非落脚于建筑对象的三维空间属性和动态体验特征。基于多媒体交互引擎的虚拟空间和互动影像建筑,则凭借其实时反馈的操作界面和直观互动的体验方式,有可能为建筑学专业的研究和教学,提供流程简洁、多义直观的交互动态影像操作工具和体验独特的设计对象。

从工具层面而言,基于实时交互渲染引擎和动态可视化的设计操作空间和界面,可以有效减少设计过程中的信息反馈时间,缩短和精简设计流程,同时相应减少设计者对于空间操作和效果体验的歧义和误差。这些新的设计方法、流程,以及新的设计手法,也带来了新的问题。在实际运用过程中,仍然存在由于技术门槛和工具熟练程度带来的不同程度的瓶颈,但根本问题,其实仍然是设计思维、设计流程和操作方法的转换。其中既有基于定量评估的性能可视化操作,也有针对定性评价的直观感受和反馈。从纸笔草图到参数化建模和运算生成,从尺规制图到建筑信息模型,以及从初期的计算机辅助设计,到现在乃至将来的实时交互式设计,我们眼前不再是抽象的线、面、体、块操作,而是具备不同属性特征的具体建筑要素控制;不再是线性的单向繁复流程,而是多线程并行式同时展开系统联动的协作设计;不再只是随心所欲的感性经验思维,或精准却僵化的量化理性逻辑操作,而是二者的有机结合。

就对象层面而言,虚拟三维空间和环境平台,从业已成熟的实时渲染引擎和参数调节,到当前虚拟现实(VR)和增强现实(AR)等相关技术的蓬勃发展,有可能成为建筑设计的新疆域——计算机互联网系统中的虚拟影像世界,及其与现实物理世界在特定设备和界面中的结合。一方面,建筑与环境、空间与行为的相互影响和交互方式正在不断拓展;另一方面,结合信息存储、展示和交流方式的数字化和网络化更新,相关场所和空间也都在发生着虚拟化转换。这些新的建筑对象还会带来有别于传统实体空间的新特征和新需求。这些新特征和新需求包括:超链接和超空间,空间体验和观察方式的改变,蒙太奇式的拼贴和剪切组合,空间叙事方式的线性和非线性转变,等等。其中实时交互的空间体验与观察方式的改变为表,而内里则是空间组织结构的变化——如同当初现代主义空间影响甚至取代了古典主义的空间秩序,将来的非线性虚拟空间也可能带来革新的体验架构和秩序可能。

7.1 影像空间与叙事表达

建筑师在建筑表现的传统形式中,尤其是正交投影(图)中遇到的问题,正是它们所忽略的内容,换句话说,也就是建筑作为某种体验、某种表现,某种沉浸所具有的内容。[①]

有别于传统建筑空间表达的图纸体系,动态交互的影像解析、空间中时间的延续、行为和运动这样的概念,在常规的建筑设计过程中从未被充分表达,也没有在建筑符号体系的传统形式中得以展现。其实 20 世纪的现代建筑运动,第一次提出了建筑的空间特征和时间特征,人们对建筑本质的认识从此产生了重大飞跃。通过运用基于时间的媒体工具——动态影像,这些概念才能加以处理解决。尽管电影和动画的应用经验,即使在最先进的交互式影像虚拟形式中,也还需要来自实际建筑空间模拟的长期历程为基础。

这里的讨论,也试图突破约定俗成的"电影—建筑"研究框架。但同样重要的是,无论传统影像还是新兴的数字影像,无论是影像空间作为客体对象,还是影像解析的操作,都应该意识到,影像空间和空间的影像解析,并非仅限于它们作为表达工具的作用,而是扩展到它们在激发、生成、发展和表现建筑概念的过程中所具有的作用;这也并非仅仅意味着静态空间对象的设计,而是也包含空间事件和空间实践的设计。影像表达的作用,不应被孤立地看作那些随处可见的漫游动画和交互虚拟,影像的方法和理念是为了建构某些特殊的空间特质,传达特定的价值和概念。

而必要的相关回顾梳理,相信对初次涉足此处的好奇者,抑或经验丰富的专业人员,都会有所帮助。

---

① CLEAR N. Concept planning process realisation: the methodologies of architecture and film [J]. Architectural Design, 2005, 75(4):104-109.

7.1.1　从实体空间到虚拟影像的转换

二十年前,当计算机互联网络和实时渲染生成的空间影像方兴未艾但却远未普及的时候,笔者就在相关文章[①]里,探讨过只存在于电子影像中的虚拟建筑空间和这些新兴的实践领域,以及它们可能给建筑专业的设计和表达带来的拓展和挑战。时至今日,当高速移动数字网络和多媒体交互引擎都已普及,越来越多的专业研究和设计者们,都已经从技术的理论探讨,走向了实践的具体操作和应用。其中的重要表征之一,正是建筑从实体空间向虚拟数字影像领域拓展,以及虚拟空间的设计建构及其在数字影像中的交互表达。

对于传统意义上的影像与建筑空间的关联及其影响应用,周诗岩在《建筑物与像》一书中有过系统探讨。建筑实验可以在建筑实体之外的一个影响世界中进行,甚至对于将某种建筑观念推向极致的诉求而言,影像世界是最适合的实验场所。一方面是从早期电影将内在情感外化的表现主义,到将未来以具象方式呈现的未来主义,乃至于倾向于反映时代建筑观念现实主义;另一方面是勒·柯布西耶(Le Corbusier)的建筑与城市在影像中的记录和呈现,以及电讯派(Archigram)近乎科幻影像场景的未来城市建筑构想。

在周诗岩的归纳中,所谓影像建筑的特征,包括以下几点[②]:空间并不独立展开而是围绕中心事件展开,保证了场所与人的关联;空间并不自动呈现,而是被假定的观察所捕捉,以便更进一步渗透人的行为;通过设定一个可以将观众带入的观察者,通过一系列主观镜头(POV shot)捕捉空间;空间的完整性被情境的绵延所取代,细部、色彩和事件所构建的整体情境将片段化的空间链接在一起;大量的虚实叠合——实景与虚拟影像的精心组合[③]。

7.1.2　建筑的物质属性(使用价值)与符号属性(符号价值)

> 建筑的“像”逐渐取代“物”,成为受众感知的对象,进而成为我们思考和判断的参照。[④]

继续借用周诗岩在探讨建筑影像对人与建筑的关系的影响变迁时的探讨,他通过让·鲍德里亚(Jean Baudrillard)的“符号化过程”概念,把建筑的实体和虚拟影像(包含静态图像和动态影像)部分界定为建筑的物质部分和符号部分,并对应于建筑的使用价值和传播中的符号价值。这套颇具启发的重要

---

① 俞传飞. 无人栖居的建筑·没有甲方的建筑师:虚拟建筑师和虚拟建筑在实践领域的探讨[J]. 华中建筑,2001,19(6): 12-15.

② 参见5.2 从仿真到拟仿,周诗岩. 建筑物与像:远程在场的影像逻辑[M]. 南京:东南大学出版社,2007.

③ 虽然几乎大多数的写实数字影像都追求以假乱真的视觉效果,但从表现伦理上说,当虚拟实景和数字成像等技术发展到肉眼无法辨其真伪的程度,明确标注(或让观者明确意识到)真假也须应逐渐成为影像制作者的职业规范。

④ 参见2.3 大众传播的效应,周诗岩. 建筑物与像:远程在场的影像逻辑[M]. 南京:东南大学出版社,2007:74.

思路,让我们可以在此基础上进一步解读不同时代和历史发展阶段,建筑的非物质部分及其符号价值,是如何呼应于相应的建筑媒介表达的[①](图7-1)。

图7-1 建筑物质属性(使用价值)与符号属性(符号价值)在不同时代及媒介条件下的图解示意

A 口耳相传时代　　B 图文传播时代　　C 机械复制时代　　D 数字影像时代

▩ 建筑物质部分——使用价值

▩ 建筑符号部分——符号价值

1) 口耳相传的术语媒介时代

口耳相传的术语媒介时代,建筑空间的相关信息,基本依靠亲历者的口头描述。无论是西方的柱式还是东方的斗拱,都是口耳相传时代的专业术语,是便于口头传播的模块化专业对象的描述术语;而非专业领域的口耳相传,则如同马可波罗口中或笔下的威尼斯城市和建筑一样,成为人们想象的空间。换句话说,现场亲历体验的空间印象是压倒性主导的,口耳相传只能是极度简化和抽象的信息(图7-1A)。

2) 手工图文传播时代

手工文字和制图的描绘,以其形象生动的呈现方式,已经远超前述的口耳相传信息,所谓"一图胜千言"。只是纯粹人工的绘制和描述,在有限的效率和数量上限制了建筑信息的有效传播。虽然在某种宽泛的意义上,手工的图文传播,已能够极大挑战现场体验的作用;但现场体验的物质属性和使用价值,在空间信息的传播方面,仍然占有相当比重(图7-1B)。

3) 机械复制图片时代

可以大规模印刷发行的图纸照片,让大众即便不能亲临现场,也可以通过片段的图像,了解和体验空间对象的部分效果。也正是从这个阶段开始,建筑的符号价值开始超越其使用价值。恰如大多数学生在专业学习中,是通过书本期刊的图片资料,而非现场体验,了解学习相关专业典例;更不用说普通公众,基本通过大众媒介对此泛泛了解(图7-1C)。

4) 数字网络影像时代

正是数字信息尤其是高速网络技术的普及,图像乃至动态影像得以极大

---

① 对应于不同建筑媒介表达阶段的空间符号价值图示(自绘),改编自人与建筑的关系演变图示。周诗岩. 建筑物与像[M]. 南京:东南大学出版社,2007:103.

范围地无损传播,信息载体从传统的纸张转向数字虚拟的电子屏幕,形势迥异于从前。很多情况下,影像不再只是空间客体的被动描述和表达,而是独立的主体存在(图 7-1D)。

这四个阶段的分析,尤其是最后一张图解,让我们清晰地意识到,当代数字影像空间所占据的绝对优势。而所谓影像空间(影像媒介),并不一定需要急于和实体空间建立直接生硬的对应关系。影像空间的实质,还是心理空间/视觉空间/虚拟空间。

> (影像)的真正力量在于,改变了人与建筑的关系,不仅仅是改变了存在于影像中的人与建筑的关系,更隐蔽也更重要的是,它改变了观影者与建筑之间的关系——影像信息已在人们的不自觉中替换了建筑实体的信息。①

7.1.3 数字影像空间的叙事表达

长久以来,建筑师总是探究人在建筑中移动时的感受,并将其作为空间设计的主要驱动。但是他们主要的空间表现手段一直被局限在草图、平面、剖面、透视图和缩比模型等工具之中。如果把建筑和空间作为基于生活习惯的动态事件发生器,这些传统的静态媒介工具,并不适合表达其中的建筑流线的动态延展和空间场景及其相关活动。

动态影像能够更加真实到位地传达建筑师们本质性的空间概念和场所感受。和有着完美构图的建筑图片/照片相比,动态影像叙事表达出了那种只有在此地能感受到的宜人的体验;而静态的照片,则只是从一个视点看到的固定场景,对几何形体的静态解读。与此形成强烈对比的是,专业的电影制作者的成果常常表现得比建筑的游历(动画)产品更为优越,更容易让观众理解,更能在瞬间传达空间感和场所氛围。

保罗·维利里奥(Paul Virilio)曾经在《解放的速度》中指出,影像媒介带来的空间碎片的"瞬间匹配"(transient-match)将威胁到传统建筑学所追求的稳定结构。20 世纪 70 年代,当过新闻记者和电影编剧的雷姆·库哈斯(Rem Koolhaas)完成了两件主要作品:其一是对柏林墙新闻报道式的发掘和研究;另外一个是题为"逃亡,或建筑的自愿囚徒"的寓言式竞赛方案(合作:曾格利斯 Zoc Zenghelis)。这是库哈斯在城市、建筑空间表达上的一个影像化表达的范本,综合应用了图纸、影像化的文本、电影片段等要素的拼贴手法(图 7-2)。相关研究也指出,数码影像得以从语言的层面介入建筑创作,成为思考和建造建筑的一种方式。②

---

① 参见 2 建筑传播的属性。周诗岩. 建筑物与像:远程在场的影像逻辑[M]. 南京:东南大学出版社,2007:55.
② 包行健. 空间蒙太奇:影像化的建筑语言[D]. 重庆:重庆大学,2008.

图 7-2 库哈斯早期影响拼贴作品

今天的建筑师都能利用动画软件包,在几何模型中移动合成相机,用非线性剪辑软件编辑画面次序,甚至还能在空间里放入可移动的角色。但是,对于如何移动相机,如何编辑画面序列,如何与观众有效交流,这些软件工具并没有提供任何训练。而这些缺失方法的掌握,对于建筑师而言正是问题的解决之道。[1]

热拉尔·热奈特(Gérard Genette)在《叙事话语》提出"叙事是一组有两个时间的序列",一是现实中感知过程的时间,另一个是故事中的叙事时间。包括空间的感知体验,以及对于空间对象感知体验及其中场所事件的数字影像表达,天然是两条时间线索的影像复合。数字影像的操作和表达,在针对空间对象的时候,也具有叙事方式的拓展和情景建构的表征两层内容。

图 7-3 纪录片《四个春天》影像图解 李思恒

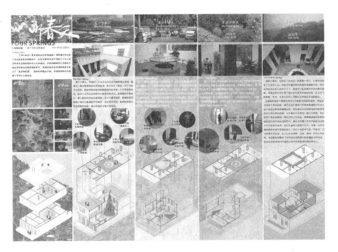

《四个春天》这部纪录影片,本身的内容虽然反映的是拍摄者自己的亲人父母及其日常居住空间中的四个春秋,但其饱含的真情实感和人文情怀,也都能通过小小的四方庭院和其中的上下空间,让观者体会得到。其图解分析[2]所表达的(图 7-3),也正是影像叙事对于空间情境的建构能力,是在影像叙事对空间对象的表达中,让看似平常的生活空间和起居行为,被赋予了饱满的情

① Man with the Movie Camera 带摄像机的人—An Approach to Synthetic Cinematography for Built Environment 建筑环境的电影式合成方法 Panagiotis Chatzitsakyris, Takehiko Nagakura 源自:李大夏,陈寿恒. 数字营造[M]. 北京:中国建筑工业出版社,2009.

② 本图源于东南大学建筑学院"数字化技术与建筑"本科课程(主讲/指导教师:俞传飞)作业练习。图解绘制:01118125 李思恒;相关素材经过一定的调整处理,特此注明并致谢。

绪和温暖的社会关系。

没有人愿意关注和认同一个被提纯的排除了人的行为、情绪和社会关系的城市物理空间。①

7.2　空间影像解析工具与技术

7.2.1　空间场景的建模渲染剪辑工具

1）从传统辅助制图到三维建模工具

作为数字技术时代老生常谈的问题，制图和建模在数字建筑设计领域，似乎是早已过时的专业概念。因为当下的大势所趋是渐成标准的建筑信息模型（BIM），其核心思想就是以面向对象的整合数据模型，取代传统意义上的建筑制图和建模；其理想状态，是让设计操作者在建立"建筑构件和空间形态"的同时，自然生成相应的富含全面数据信息的多维电子模型。

但硬件运算能力和软件系统的优化，距离理想状态尚有时日。一方面，随着虚拟影像空间在专业领域的渗透和转换，传统仅只面向实体物理对象的信息模型，亟待针对对象更新拓展。另一方面，至少在当下，建模工具在硬件运算与软件兼容两大客观因素影响和限制下，无法坐等理想状况，而需要做出现实的选择。

具体而言，除了耳熟能详的 Google SketchUP，建筑领域的主要三维建模工具包括以下三类：以 BIM 为内核的信息模型工具平台，如 ArchiCAD、Revit 系列等；常用 CAD 工程制图平台，如 AutoCAD、Microstation、CATIA，以及我国自主研发的中望 CAD 等；通用设计平台则面向三维动画、工业设计、建筑工程等多个领域，包括 Rhino、Blender、3ds Max、Maya、FormZ 等等（图 7-4）。

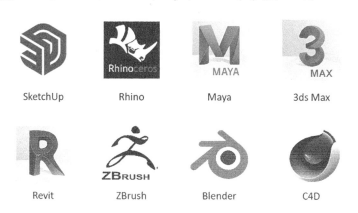

图 7-4　主要三维建模工具 LOGO 列举图示

SketchUp　　Rhino　　Maya　　3ds Max

Revit　　ZBrush　　Blender　　C4D

---

① 参见 5.2 从仿真到拟仿。周诗岩. 建筑物与像：远程在场的影像逻辑［M］. 南京：东南大学出版社，2007：182.

在以上诸多工具平台的基础上，结合当下数字化设计中常用的参数化建模和生成设计需要，不同软件平台又各有其相关功能包或插件加以拓展。其中既有基于 CATIA 的 Digital Project、基于 Microstation 的 Generative Component，更有最为普及的基于 Rhino 的 Grasshopper；既有上述基于可视化脚本(visual script)的工具，也有需要代码编程(programming code)的诸如 Processing 这样的开放式平台。众所周知，这些拓展丰富的工具或插件，可以针对不同整体或局部的空间形态处理问题或建模需求，基于不同程序语言和算法进行具体应用。

2) 主流建筑渲染器比较

有了模型，自然需要渲染。著名建筑计算机图形网站 CG Architect 近年来每年都会对建筑工程行业（AEC）的主流渲染引擎进行调研统计。[①]据其 2021 年度最新统计表明，在市面流行的超过 70 余种渲染器中，使用率最高（超过 10%）的包括：V-Ray、Corona、Lumion、Unreal Engine、Twinmotion、Enscape 等（图 7-5）。其中的游戏渲染引擎 UE、Unity3D 等我们会在下一小节专门讨论介绍。

图 7-5 CG Architect 网站的渲染引擎使用情况统计（2021）

Which rendering engine(s) do you currently use in production?

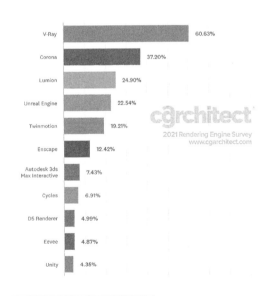

其实这些当下的主流建筑渲染器，还可以通过其渲染原理和硬件支持状态分为两大类，一类是基于 CPU[②] 专事渲染的传统引擎，如 Vray、Corona、Mental Ray 等；另一类是基于 GPU[③] 运算的实时渲染工具，如 Lumion、Enscape、Twinmotion、Keyshot 等。前者输出质量高，速度相对较慢；后者速度极大提升，几乎可同步同时渲染，虽输出质量相对稍逊，但性价比显著提升。从历年来纵向比较（图 7-6）可以看出，除了稳定地独占鳌头的 V-Ray 之外，基于 GPU 的实时渲染器，如 Enscape、Twinmotion 等，在近五年里都获得了持续和长足的提升。

① CORPORATION Cg D M. 2021 Architectural Visualization Rendering Engine Survey Results［EB/OL］. CGarchitect. com.［2022-04-04］. https://www.cgarchitect.com/features/articles/712bd906-2021-architectural-visualization-rendering-engine-survey-results.

② CPU，是计算机中央处理器(Central Processing Unit)的缩写。它是超大规模集成电路，作为计算机运算核心和控制中心，承担着传统意义上计算机指令和数据运算处理的功能。

③ GPU，是计算机图形处理器(Graphics Processing Unit)的缩写。和作用于计算机整体和中心功能的中央处理器 CPU 不同，GPU 专事计算机中图形信息数据的运算处理，俗称显卡芯片。它的出现将早期 CPU 承担的图形运算功能单独分担出来，并能以更高的效率、更好的效果加以处理。

Rendering Engines	2016	2018	2019	2020	2021
Unreal	10.50%	20.90%	16.40%	19.60%	22.54%
Unity	2.90%	7.80%	4.90%	3.70%	4.35%
Twinmotion	1.80%	3.30%	4.20%	14.10%	19.21%
Lumion	8.90%	13.70%	28.80%	25.10%	24.90%
Enscape	0.80%	3.60%	4.90%	10.20%	12.42%
V-Ray	66.40%	63.40%	59.90%	64.90%	60.68%
Corona	19.10%	30.40%	31.30%	35.00%	37.20%
Arnold	1.80%	4.90%	4.40%	3.80%	3.78%
Cinema4D	6.30%	6.90%	8.10%	5.50%	4.16%
Cycles	3.50%	4.10%	3.90%	5.90%	6.91%
FStorm	4.00%	5.00%	4.20%	2.30%	2.43%
Maxwell Render	4.40%		2.70%	2.20%	1.79%
mental ray	6.20%	7.30%	5.30%	3.30%	1.79%
Octane	4.80%	5.20%	3.70%	3.20%	2.30%

图 7-6 CG Architect 网站的渲染引擎历年占比统计分析(2016—2021)

一个不容忽视的问题是,到目前为止,计算机建模渲染中的形态和材质都是各自分离的,其中材质的赋予,基本就是靠贴图(mapping)来完成。而在大多数渲染工具中,材质贴图的图像本身,却基本不包含视觉影像之外的物理信息。渲染对象的贴图尺寸、光滑度、反射率等物理特性,基本全靠贴图进行设定和调节;渲染引擎更无法反映视觉之外的物理特性,如重量、摩擦力等。这就分离了正常活动中本为一体的内容——任何一个物体,都天然包含着从表面视像到内在特性的诸多物理甚至化学属性,而需要在渲染表达的不同环节增添许多额外的步骤和工序;而且这些因为软硬件条件的限制造成的分离,也同样分离了设计操作人员对操作对象的理解。它使得本来应该全面一体的印象,割裂成了一系列稍有疏忽就难免疏漏的指标和参数。正因为这样,这些分离客观上也就增加了渲染操作的复杂程度、难度,以及所需耗费的时间。

3）图像处理、动画合成与影像剪辑工具

上述建模渲染工具,一般都具备一定的动画渲染输出功能。而图像影像的(非线性)剪辑组织,涉及图像处理和影像剪辑工具,压倒性的代表当然是 Adobe 公司的系列产品。从 Photoshop 到 Premiere、AfterEffect 等等,它们一方面涵盖了相关环节的几乎所有需求,包含图像处理、版式设计,乃至影像剪辑、特效生成等;另一方面也影响了相关行业事实上的专业标准(图 7-7)。这种情形,也客观上影响甚至决定了相关影像处理的标准流程和方法。当然

图 7-7 图像处理和影像剪辑工具 LOGO 图示

109

除了 Adobe 系列这样的专业工具,当下高速网络和移动设备的流行,也为专业内外的不同需求提供了诸多非专业甚至业余的选择。

还有些动画生成类的工具插件,在不同建模平台发挥作用①。相关软件工具可以先设定人物和游历路线,然后自动生成相机,再根据受关注物和蒙太奇效果等参数,最终生成对空间对象的电影式展示。该流程以电影式的空间视为参照,利用人物在场景中的运动,以普通观众非常熟悉的商业电影和电视剧集的语言,生成一系列人们易于理解接受的影像序列。当然,选择不同的专注点和蒙太奇风格,就会产生截然不同的空间感受,传达不同的空间特性。②

7.2.2　实时渲染交互生成工具(GE 游戏引擎)

上节已经涉及的实时渲染交互游戏引擎(Game Engine,GE)早已成为大势所趋的重要互动影像生成工具,并广泛应用于相关行业。除了传统意义上的电子游戏娱乐与竞技产品,近年来的主要扩展领域,就包括了影视拍摄制作中的虚拟空间场景,以及诸多文化艺术、城市建筑专业的相关应用。曾经给人以娱乐为主的刻板局限,早已在事实上被突破和改观。目前交互操作游戏引擎工具,主要包含三类平台:

1) 地图/关卡编辑器

地图/关卡编辑器,是传统意义上为特定电子娱乐产品量身定做的场景和空间编辑制作工具,也算当下通用交互引擎的前身和雏形。最早的实时动态三维空间模拟和生成,都是来自特定游戏引擎的地图/关卡编辑器。

虽然和专业意义上的工程制图软件相比,地图/关卡编辑器显得比较粗糙,甚至缺乏必要的自由度,但此类工具富有针对性的设定,也为其虚拟环境中预设的交互行为,提供了许多传统制图建模工具不具备的功能,其中既有空间对象的即时浏览,也有活动路径的超链接通道。这些,恰是传统空间设计工具难以做到,而对建筑师的设计工作颇具帮助的内容。

例如,Worldcraft ③是针对最早的全三维第一人称射击游戏 Quake 系列的地图/关卡编辑器,后来其升级版成为更广为人知的 Valve Hammer 编辑器,供另一个著名的游戏 Half-Life 系列④生成相关游戏空间场景和地图关卡。工具的操作界面是建筑设计者非常熟悉的多个二维视窗(类似建筑专业的平剖面视图)和三维预览视窗的组合(类似建筑三维透视效果)(图 7-8)。

---

① 如 Panagiotis Chatzitsakyris 基于 3D Studio MAX 的插件 EventD^2。

② Man with the Movie Camera 带摄像机的人—An Approach to Synthetic Cinematography for Built Environment 建筑环境的电影式合成方法 Panagiotis Chatzitsakyris, Takehiko Nagakura 源自:李大夏,陈寿恒. 数字营造[M]. 北京:中国建筑工业出版社,2009.

③ Valve Developer Union. Worldcraft[EB/OL]. (2017-12-05)[2022-04-04]. https://valvedev.info/tools/worldcraft/.

④ Half-Life 游戏平台更为流行的衍生产品是 Counter-Strike(简称 CS)系列。

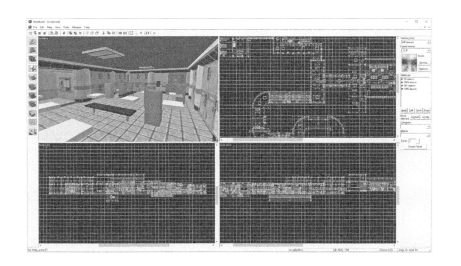

图 7-8 Worldcraft 3.3 操作界面截图

2）建模导入渲染/脚本调试（Unity3D/Unreal/CryEngine 等）

常规意义上的主流商用实时渲染引擎，包括 Unreal、Unity3D、CryEngine 等；主要功能是导入在其他建模平台建立的场景三维模型，就可以进行实时渲染和交互操作（图 7-9）。

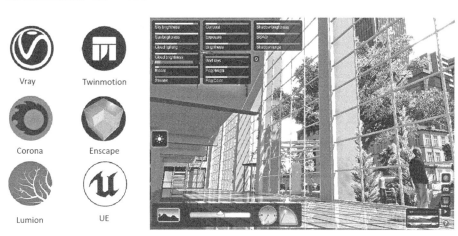

图 7-9 主流渲染引擎 LOGO 及其典型操作界面

上节所述的基于 GPU 的实时渲染器，部分正是引入并利用了游戏引擎的内核功能和工作原理，如 Lumion；并将其直接整合到建模平台中，实现更为简洁的实时互动，如 Enscape。但即便如此，其基本工作流程，都仍是先建模后渲染，即先建立三维形态，再赋予其材质光影。这套流程虽然大多数专业设计者都司空见惯甚至习以为常，但细想之下不难发现，这套流程更多只是传统数字工具在有限技术条件下的阶段性产物带来的限定，而在抽象简化的二维图示思维方式为主的传统设计流程之外，数字技术有可能给建筑设计流程带来升级和拓展，可能是直接在基地和环境中进行的建设。

单纯的游戏引擎存在两方面的障碍，或者说问题，限制了游戏互动技术对建筑设计的帮助。其一，目前的商业引擎，仍然需要根据导入的三维模型，进行一系列材质赋予、光照调整等工序,高企的软硬件门槛,使之成为专门的工作(job),而非简单的工具;其二,是大多数的互动引擎,重在体验,依靠导入现成的模型生成环境,供使用者体验,却难以改变,更毋庸创造。不断升级的游戏引擎,也在不断丰富拓展交互内容,在通常的场景游历之外,增加了一定范围的添加、删减甚至破坏行为。

3) 直接的建设操作环境(Minecraft/Block'hood/Skylines 等)

可以直接在其中进行模拟建设和交互操作的游戏平台,弥补了上述问题。此类平台也可粗略分为两种:一种是以预设的建设模块或建筑单元,在预定的地图基地范围进行布置,如 SimCity 系列、《城市天际线》(*Skylines*)、《方块世界》(*Block' Hood*)等模拟城市建筑类平台;一种是以基本材料为操作单元,在预设或随机生成的环境中自由建设,如《我的世界》(*Minecraft*)为其典型代表。前者以可持续的发展逻辑和运行效益的平衡为目标,后者以环境探索和建设发展的自由度为动力(图 7-10)。

图 7-10　实时建设环境平台 LOGO 示例

和专业建模工具相比,缺乏的是形状和尺寸的灵活性、有光无影(倒影、阴影等)[1];独具的是操作(建造)的互动性、天气地形的现场感、材质光照的直接性。因为从工具层面而言,此类平台让设计流程不必分散于建模、贴图等"计算机"流程,而可以直接作用于形态建构、材料选择等建筑相关操作。

和传统设计项目相比的拓展点:现场的充分互动,环境的完整体验/传统设计表现和设计过程,物料的物理特性,搭建的完整过程。因此在设计操作内容层面,设计内容可以将传统感性抽象的光照、性能等因素转化为理性具体的操作和可视化的效益平衡考量。

此类平台本身的独具特点,恰恰都在于"真实"的时间和光影环境氛围,及其背后的数理运行逻辑;虽然在操作单元、尺度尺寸、材料材质等方面受诸多约束和限制,但却是真正的"建设"。理解这一点,才能更好地在其中体验探索和建设的乐趣,也才能深入地从专业角度理解建筑相关的环境、建设等因素。

某种意义上而言,建筑本身就是某种多用户实时互动的"游戏界面",它介于用户行为和气候环境之间。[2]而计算机游戏技术(互动引擎技术)的要点,主

---

① 光影效果的逼真性、环境设定的细致度,甚至构件尺寸的精细度等,在 Minecraft 这样的开源工具平台,都可以通过各具特色的插件加以升级或完善。

② OOSTERHUIS K, FEIREISS L. Game set and match Ⅱ. on computer games, advanced geometries, and digital technologies(No. 2)[M]. Delft:Episode Publishers,2006.

要包含双向互动(操作和反馈)、实时效果和影响等,涉及观察(视线)、活动(停留穿行)、光影(晨昏日照)、气候(阴晴雨雪)等等因素。

7.2.3　虚拟现实技术(VR/AR/MR)

此处的 XR(扩展现实,Extendea Reality),既包含传统意义上的虚拟现实 VR(Virtual Reality),也包含 AR(增强现实,Augmented Reality)和 MR(混合现实,Mixed Reality/Mediated Reality)。这些技术的综合应用,从纯粹的虚拟空间影像模拟,到与物理现实相互结合的不同层面,都为我们所讨论的空间影像表达,提供了重要的技术应用范畴。

虚拟现实(简称 VR)早在 20 世纪 90 年代,就已相对成熟并应用于商业产品中。广义上的虚拟应该是包含几乎所有人类感知(视听触嗅感等)的虚拟空间环境,现实中目前仍是以计算机运算生成的三维图像及声音为主组成并与参与体验者互动的多媒体虚拟环境。增强现实(简称 AR)通过显示设备与物理环境对象在方位、视角等因素的精确运算分析与实时拟合,在显示界面提供数字信息及虚拟影像与现实环境的交互融合,实现现实世界的数字"增强"。而混合现实(简称 MR)的界定则更为宽泛,既包含即时运算生成的数字信息与虚拟数字画面的叠加,也指裸眼所见现实场景与虚拟数字影像画面的叠加(Mixed Reality),更多时候泛指 VR 与 AR 的混合应用。

它们所产生和操作的虚拟数字影像,应用了包括计算机图形、多媒体、人机交互、立体仿真及显示等多种相关数字技术,也是多种学科的综合。除了直观逼真的动态交互视觉影像和空间感受,及其与现实/虚拟环境进行多种方式的融合,还包括动态可视化的数据信息。目前统称的虚拟现实技术,已被广泛应用于设计、教育、博览等不同领域(图 7-11)。

在视觉中心主义的背景下,"虚拟现实"技术将空间概念从真实的物理空间,扩展到计算机中的虚拟空间,成为所谓第二秩序意义(计算机世界秩序,相对于真实物理环境体验的第一秩序意义)。[①]但无论如何,数字技术的虚拟现实,应该不会破坏我们对物质真实性的兴趣,而是进一步增强它和丰富它。建筑师未来的工作,也将会拓展到数字虚拟技术与现实的相互支持与丰富上,而非用数字虚拟技术对立或取代现实。

落回到我们的讨论对象,对空间的影像表达而言,虚拟现实技术无疑在动态性和交互性等方面,容纳整合本节前述的几乎所有技术的同时,提供了区别于传统图示表达的有效支持和探索。

图 7-11　XR(VR、AR、MR)关联图解示意

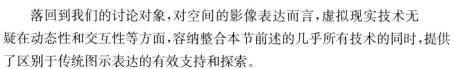

---

① 虞刚. 数字建筑的崛起[M]. 上海:同济大学出版社,2012.

7.3 空间影像解析素材及其应用

7.3.1 二维素材(文本数据/图像图纸)

1)作为背景和基础素材的图像图纸

文本、数据、图纸这些传统设计信息的载体和呈现方式,在动态影像解析的应用中常作为基本素材。一方面,典型的二维建筑图纸,如平立剖面图,无论传统尺规手绘还是计算机辅助制图,常是作为三维空间建模的基础信息来源;另一方面,基于建筑信息模型(BIM)的三维空间信息载体,又可以"反向"

图 7-12 二维图纸与三维信息模型的互文关联

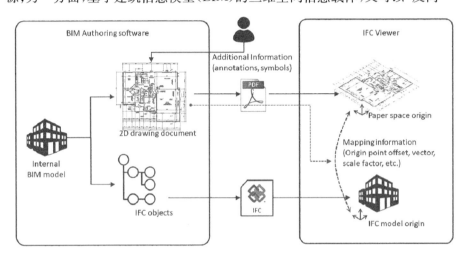

导出设计者或影像制作者所需要的二维图纸素材(图 7-12)。

在影视制作行业,作为背景和基础素材的图像图纸,是专门的设计环节和操作的对象,常称为场景设计(set design)。它们除了建筑学意义上的场景平面、立面、剖面和细部大样图纸之外,还包括场景氛围图——类似于建筑设计中的效果图纸。这些都是空间影像解析的重要参考和依据。

与此同时,空间影像信息传达所需要的阅读识别、数据可视化、观图读图等活动,在影像操作的具体应用中,往往要兼顾影像的动态操作特点,进行符号简化、片段截取等处理。如作为完整背景的局部,在影像框景的截取中以片段呈现。这曾经是早期动漫作品为了节约成本,而常常选择的场景背景处理方式(图 7-13)。

图 7-13 图纸作为背景素材在影像中所具有的移动框景效果示意

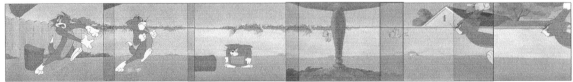

2)文本数据和图形图像的动态可视化

动态图形(Motion Graphics)常指兼具图解与影像特点的文本数据和图形图

像的动态处理和视觉表达形式。动态图形具有典型图解的易读性和抽象性,因为其表现对象常常是文本、数据及其可视化处理之后的图形图像;动态图形又兼具动态影像的优势,以静中有动的点睛之笔,让观者迅速找到信息传达的重点,并结合其时间序列上的动态优势,让观者理解其中的顺序变化(图7-14)。

图7-14 动态图形典例示意 电影《猫鼠游戏》(Catch Me If You Can)片头截图.

在第一章相关小节,我们探讨过兼具技术信息与动态交互的技术性图解。在此再以技术图解版的"小红帽"图形动画,对比不同画风的故事图解,可以让我们对此的思考有所引申和拓展。如果纯粹以图画图解方式,最多只能实现不同风格的叙事表达,让观者体验不同的故事氛围,内容和信息量并无本质变化(图7-15);而以动态图形的方式,则又能在感性的故事体验之外,传达出技术理性的相关信息(图7-16)。

Fernand Leger

Bernard Buffet

Picasso

图7-15 不同画风和叙事风格的"小红帽"故事漫画

Georgio de Chirico

Miro

Piet Mondrian

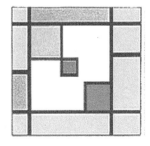

图 7-16 动态图形版
"小红帽"故事动画截图

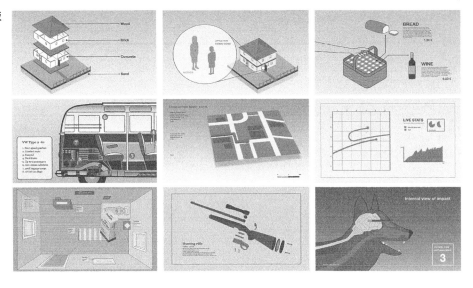

7.3.2　三维素材（实体模型/电子模型）

1）实体模型的传统价值

随着计算机辅助设计软硬件的普及和计算机绘图的常态化，建筑设计中的手工制图基本已经被计算机绘图所取代，而实体模型却并没有因各种计算机建模和渲染技术的方兴未艾而势微，反而在越来越多的设计过程和成果中占据着更加显眼的地位。实体模型为什么没有像手工制图那样被取代？

计算机建模渲染在信息含量、交互体验操作方式上，无法取代实体模型。实体模型之于电子模型，主要优势特点是实实在在的材料质感和光影效果，虽然代价是价值不菲的材料费用和模型制作过程中花费的时间精力。实体材质的信息含量，远超以视觉效果为主的计算机材质贴图（BIM 提供的则是完全不同于实体模型的信息，不构成任何挑战）；光影效果的实在感，渲染引擎也还力有不逮；虽然在场所氛围的营造上，计算机有其全局性优势。实体模型还有

图 7-17　实体模型的材质光影和交互体验是虚拟模型难以取代的

一点优势，就是观察和操作方式的直观性和便利性。而现在这种通过键鼠屏幕进行操作的计算机标准交互模式，甚至方兴未艾的沉浸式虚拟现实空间体验，也还很难与实体观测的交互方式相提并论（图 7-17）。

2）电子模型的虚拟优势

毫无疑问，电子三维空间模型自然也具有实体模型无法比拟的优势。

以分层或组件的方式，可实现拆分组合的灵活性和便利性。可以根据模型构件不同属

性加以选择和提取,并为了表达的便利性任意组合呈现。

理论上电子模型都是精确足尺的,并可以无级缩放。换句话说,同一个三维电子模型不存在比例的限制,能够以空间表达所需要的任意比例呈现;而实体模型则必须在制作之前确定相应比例,且在制作完成后几乎不可能变化调整(图7-18)。

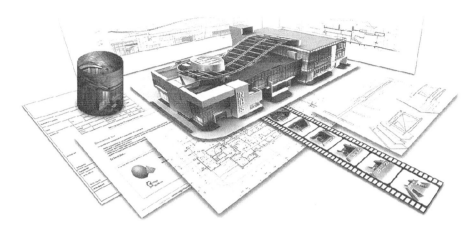

图7-18 电子模型的灵活便利及其多维信息特征

电子模型还可以包含物理形态之外的诸多精准的数据信息,从尺寸标注到属性设定,甚至包括材料构件的生产信息,都可以容纳其中。而这正是建筑信息模型(BIM)的应用初衷和目标。

7.3.3 动态素材(现场实拍/虚拟渲染)

1) 现场实拍的优势与局限

一方面,传统动态素材主要指利用摄像机对现场实景或实体模型进行的拍摄,获得空间对象的动态影像,作为后期剪辑处理的素材,展现特定环境场景的氛围或设计对象的空间特质。临场的真实感,包括天然的光影氛围和材料质感,都能通过现场实拍捕捉并呈现在动态影像素材之中。

但另一方面,现场实拍的局限也显而易见,比如事先要物色或准备好拍摄对象,无论是实地选景还是实物模型的制作,都需耗费较大的成本;具体的摄影操作,又受到设备器材、人员和技术手段的诸多限制,而对象过远过近、过大过小,甚至现场的气候、环境条件都会影响动态素材的获取效果。

2) 虚拟渲染和虚拟影像的拓展

完全在电脑中进行的虚拟渲染和影像生成,则可以极大地避免上述困难。HDR贴图和Raytrace光线追踪等材质的光照数字技术在软硬件平台上同步提升,使得虚拟渲染技术不断减少与现场实拍的差距。而虚拟相机几乎可以在虚拟空间中任意设置方位、角度和移动路径的自由度,更是让传统实体摄像,因为设备大小、空间限制以及现场条件等等的诸多限制而望尘

图 7-19 空间场景的虚拟摄影

莫及（图 7-19）。

从 CPU 预设渲染进步到 GPU 实时渲染，运算生成的虚拟渲染获得更大程度的自由度、灵活性和高效率。在极大提高影像素材的生成效率的同时，实时渲染的成品质量也日益提升。而最关键的是，实时互动的渲染引擎，让传统的影像制作和空间影像表达的流程，也发生了根本性的转变和提升。过去需要设定/渲染/生成的一系列反复操作，现在在实时渲染技术的支持下，成为所见即所得的实时交互，让设计者和决策者都能在过程中即时获得反馈，以便进行评估和调整优化。

7.3.4 多媒体素材（音效/音乐/歌曲/其他）

1）音乐的序列节奏与建筑空间的互文

除了老生常谈的"建筑是凝固的音乐，音乐是流动的建筑"，音乐作为序列呈现的艺术媒介所具有的节奏、韵律特征，与空间印象中的视觉形态确实有着显而易见的关联和呼应。音乐需要乐谱作为记号系统，正如建筑需要图纸作为记号系统；只是乐谱记录的是音乐在时间线索中的排布，图纸记录的是建筑对象在空间中的组织。

长久以来，建筑和音乐等不同专业领域的研究者，已经意识到这种跨界关联，并在诸多专业文献中进行了不同程度的相关探讨。其中既有中国古代历史上魏晋时期《琴赋》与宋朝《营造法式》的共通[1]，也有早期巴洛克建筑与同时期巴洛克音乐在空间结构、建筑立面形态和曲调结构旋律上的呼应[2]，还有从音响声乐的专业需求出发，对直接相关的音乐观演建筑空间进行的声学设计；更有许多当代建筑设计者尝试将音乐音符甚至曲谱的形式转换为空间组织上的具体形态。[3]数字技术支持下的空间影像，还能以分形、拓扑等多重形式，表达建筑空间与音乐序列之间的数理关联。

2）音乐音效在空间表达时的作用与影响力

音乐作为自古以来的传统艺术媒介之一，天然具有传情达意渲染氛围的功效。而音乐天然具备时间属性，作为背景音乐（Back Ground Music，BGM），为空间的影像解析表达，提供了新维度的多媒体素材。不同的音乐音

① 张宇. 中国传统建筑与音乐共通性史例探究[D]. 天津：天津大学，2006.
② 吴榛榛. 巴洛克时期音乐与建筑相通性的比较研究[D]. 郑州：河南大学，2009.
③ 金旖. 基于音乐美学的建筑生成系统[D]. 北京：清华大学，2015.

效,能够创造或强化特定的场所氛围,深化场景视觉效果,进而帮助空间影像解析表达其特征;而其独具的审美功能和艺术魅力,则能轻松营造和传达传统语言或视觉形式难以传达的影响力。

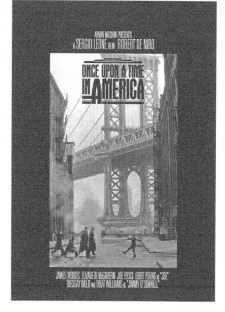

久石让的配乐会让人想到宫崎骏笔下的天空之城、移动城堡;影片《末代皇帝》中的配乐,会让人体会到紫禁城故宫建筑群的幽深;《美国往事》中的配乐,总能让人体验到 20 世纪中期纽约布鲁克林大桥和桥下的街巷空间(图 7-20)。或舒缓怀旧,或轻松浪漫,或紧张刺激,或经典回味的音乐音效素材,来自不同的音调声调、乐器设备、演奏演唱方式等。

数字影像工具和素材的应用,使设计项目成为一个整体,可以检验和发展那些需要处理的建筑对象的复杂过程的概念,对很多使用者而言这是一种不错的方式。影像的制作应该包含大量预先的计划和复杂的思考,需要考虑一定数量
的不同元素如何排列组合。它常常在一个集合环境中创造一个项目,同时联结了写作、设计、计划和生产。从许多方面而言,用数字影像的相关工具和素材进行设计工作,不只是简单地产生绘画和模型,而更类似于建筑工作扩展到更为宽广的领域,因为它要求不同技巧和不同类别信息的高度整合。

图 7-20　电影《美国往事》海报剧照

通过应用相关影像工具和素材进行工作,包括精通相机、三维建模和动画、剪辑和动态图形,甚至特效、音响设计,空间的设计者和影像的表达者将一定数量的不同部分组合成一个整体,以清晰表达复杂的空间概念,并借此发展一个项目。除此之外,设计者还得以发展和改善他们自己特定的建筑设计技巧和战略性利益。初学者从学习动画开始做起,更特殊一些的,甚至会编写程序——这可并非意味着以时间线索处理一些剪辑素材,然后在它们之间做些交叉溶解转场剪辑——学会以一种完全不同的新方式看待他们的工作。微调一段剪辑、一段动画或一个特效段落的微妙性和复杂性,可以使视觉敏锐度、注意力和细节考虑的水准得以发展。这些特质对更为传统的设计领域也有裨益。抽象的思考方法和构成组织技巧的发展,确实会有直接而有益的影响。①

① CLEAR N. Concept planning process realisation: the methodologies of architecture and film [J]. Architectural Design, 2005,75(4):104-109.

8 数字空间影像的逻辑与要素特性

8.1 从图像逻辑到影像逻辑(影像媒介与图版系统的特征比较)

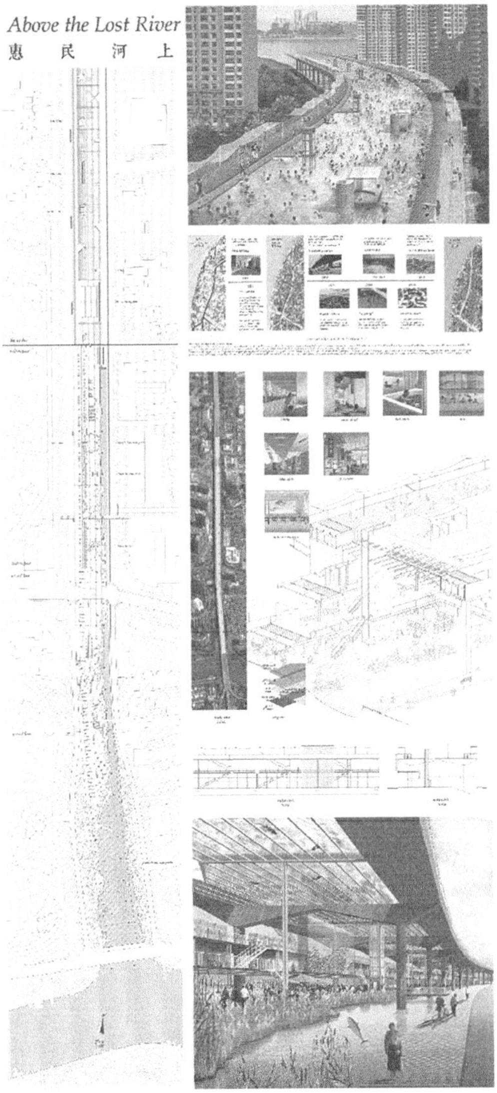

图 8-1 典型建筑图纸的共时呈现,《惠民河上》(王佳琦设计,俞传飞指导)

Above the Lost River
惠 民 河 上

8.1.1 图纸与文本的常规再现逻辑

文本和图纸对建筑空间对象的生成、表达,乃至对空间本身的结构组织的影响和关联,其实在本书的绪论首节已有讨论和介绍。此处稍加重温,更多是为接下来详细探讨数字空间影像的逻辑,及其要素的特性,进行准备和铺垫。

1) 图纸的再现逻辑(空间共时呈现)

传统建筑空间的图纸表达,通常是空间对象的二维或三维信息在二维界面(纸面或屏幕)上的投影,如平立剖面图。无论是单个的特定投影图纸,还是更大图幅版面上不同图纸的版式组合,它们所具有的共同逻辑特征,一方面是对空间对象在特定方位上的降维抽象,或在特定角度上的具象表达和片段提取,如一定视角的透视效果图;另一方面则是将这些抽象/具象片段,以单个或组合的方式,同时呈现在设计者和观察者的眼前(图 8-1)。

这样的再现逻辑其实是对空间对象的专业符号化处理,同时也在某种意义上对其进行了不同程度的简化抽象。这样既便于专业设计者有效交流,也利于专业信息的高效处理。其代价,则是专业设计信息的部分缺失,一张图纸只能反映局部片段信息;以及展示交流灵活性的缺乏,不同图纸互为参照,却相对固定,无法即时改变调节。

2) 文本的叙事逻辑(时间顺序展开)

这里讨论的文本,既包含通常意义上的纯粹文

字作品,更多指用以说明呈现建筑设计方案的图文混排集合,类似传统书籍图册,也包含方案介绍交流的 PPT 演示文本。一方面包含了图纸信息的抽象专业信息或具象生动效果,另一方面也具有传统文字文本的叙事结构和前后关联关系。因此建筑空间文本的叙事逻辑,常是以时间顺序展开的观读文本,供人们在翻阅浏览或听取介绍时,了解专业数据信息,体验空间预期效果(图 8-2)。其中的目录索引,正是建筑文本时间顺序的线索。即便是在当下网页超文本日渐普及的网络时代,专业建筑文本仍以纸质线性时序为主,电子演示的介绍交流 PPT,也少有令人困惑的超链接跳转。

图 8-2 建筑文本的目录及页面组织

　　因此总体而言,传统常规再现逻辑,无论是文本过于抽象的叙事逻辑,还是图纸具有共时性同时呈现的再现逻辑,各自在时间顺序的历时展开和空间的共时呈现上,发挥其作用,展现其特性。

8.1.2　影像的动态交互逻辑

　　影像,尤其是数字影像的应用,则包含了有别于上述文本和图像的历时与共时再现逻辑之外的动态交互逻辑。它不再是单纯的阅读或观览,而是具备了更为复杂多变的层次,也在设计操作的主体设计者和其观察操作对象之间,创造了更为丰富的关联关系。

图 8-3　空间影像逻辑图示(视图框景/路径运动/序列交互)

　　屈米(Bernard Tschumi)曾经深入分析了镜头组接与空间叙述的关系,并坦言他的创作极大地受电影照相术中"成帧"(framing)和"记录符号"(notation)的影响。有过电影编剧经验的库哈斯(Rem Koolhaas)从另一个角度谈到影像媒介所激发的建筑突变:公共空间不再仅仅是街道广场,公共区域已经发生了剧烈的变化。努维尔(Jean Nouvel)则将建筑拟化为电影,成为信息的携带和传送媒介。[1]诸多建筑师们都已意识到影像之于建筑空间的独特作用,并将其应用于各自不同的设计环节和空间对象之中。而其中带来的有别于传统图纸和文本的动态交互逻辑,正是本章探讨的重点内容(图 8-3)。

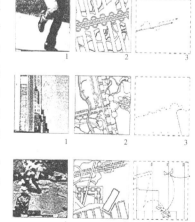

　　①　参见:包行健. 空间蒙太奇:影像化的建筑语言[D]. 重庆:重庆大学,2008.

动态交互影像逻辑,不再仅限于共时性那散漫而毫无控制的随意观察,也不是观读时的简单历时性浏览,而是通过镜头或取景点代替人眼,投射到二维影像界面(银幕或电子屏幕)或沉浸式体验设备(VR虚拟现实或交互引擎实时互动),在视点上有变换设定,针对空间对象的特定视角;在对象上有选择,突出空间对象的特定部分或整体和框景范围变化;在展现和观察的路径、速度上有方向和节奏控制,保证空间体验的时间顺序及体验时间的长短;在操作上有主观参与,甚或是有主客体的实时互动,更有片段组接和剪辑,让设计者或观察者能在空间中进行即时的探寻或操作反馈。

换句话说,数字虚拟的空间影像解析表达,除了有别于图像逻辑的动态交互特征,还包含着空间体验的视点视角、动态框景、路径运动、超序叙事等诸多相关要素。下面的小节将就几个方面的逻辑特征和要素特性进行详细讨论。[①]

8.2　虚拟"相机眼"的空间观察与体验

建筑空间在设计生成的过程中所被赋予的空间理念或预期效果,总是和设计者所预设的体验方式或特定观察角度相联系;而建筑建成之后的空间实际使用体验,或其在特定影像摄制或虚拟空间载体中的交互VR体验中呈现的空间效果,又和建筑师或设计者的初衷不尽一致,甚或产生迥异的印象。

无论是实体建筑或空间场景拍摄记录的空间影像,还是数字虚拟技术渲染生成或交互操作下的数字空间影像,都要从观察者的主体视点的设定开始被观察、记录和呈现。这个观察取景点,通常是相机镜头,也被称为"相机眼"(Kino-Eye)[②],它代替眼睛成为空间的观察器。通过镜头获得空间影像,借助实体或虚拟镜头的长短、焦距和不同移动路径等技术设定,镜头有别于单纯的主观人眼观察印象,而获得极大拓展的空间观察和体验效果,甚至可能转变我们对建筑及其空间的理解和预期。有别于实体相机镜头的"虚拟的相机眼",又获得了更大的自由度,并赋予由此产生的数字虚拟空间影像以更新的特性。

8.2.1　视点与视角(人眼/鸟瞰视角)

观察视点和视角的设定,其实早在动态影像生成之前,就在静态图像(图纸)的描绘中发挥着至关重要的影响和作用。二维技术投影图(平立剖面)的

---

① 以下几个小节的讨论,参考借鉴了周诗岩. 建筑物与像[M]. 南京:东南大学出版社,2007. 在相关章节中的论述思路和要点;并在此基础上,重点结合数字影像对传统电影影像的拓展进行了探讨。

② Kino-Eye,也译作电影眼,是由苏联电影导演吉加·维尔托夫在纪录影片《电影眼睛》中提出的影像理论概念。

不同方向,决定其空间表达在特定方位呈现的技术信息;三维轴测或透视图的视点选择和构图调节,更直接影响着空间对象在画面呈现的效果氛围和环境信息——室内外的人眼视点或不同高度视野的鸟瞰俯视。

　　建筑设计中建筑师需要预判观者与空间对象、视角与空间体验的互动关系。在不同的体验方式下,空间会呈现出截然不同的状态,人们也将重新审视自己对空间和环境的理解。传统意义上不同的视点视角,会赋予空间影像不同的观察态度和观察身份。如远观和俯瞰,被赋予正面积极的态度和更高的权力身份,而近观、平视甚至仰视,则被赋予更为平和消极甚至低下负面的情绪和态度。这是在空间影像中对空间的观察主体身份的暗示,也可能反映着空间表达的相应态度。[1]

　　人视视角是最普遍的视角,与日常观察体验方式密不可分。人眼在固定视点和瞬间观察一次性感知的空间范围时是有限的,需要在运动中获得眼前不同局部空间的认知片段,并通过记忆和理解将其组合,形成相对全面完整的空间印象。这是某种局部到整体的主观空间体验方式(图 8-4)。与此形成对比的鸟瞰视角,则可算作是某种从整体到局部的空间观察体验。因为在鸟瞰视角中,观察者获得感知范围极度放大、一览无余的全局视野,而空间局部的细节则难以把握。鸟瞰视角是观察者与日常空间体验相分离,有可能将空间对象当作抽象的客体,更加能够体验和关注空间的整体结构、秩序等客观形态和理性属性[2](图 8-5)。

图 8-4　人眼视角的空间影像

图 8-5　鸟瞰视角的空间影像

　　而动态交互的数字虚拟镜头,则通过时间维度的拓展,和拍摄取景角度的

　　① 参见 6.1.2 可见的态度,周诗岩. 建筑物与像:远程在场的影像逻辑[M]. 南京:东南大学出版社,2007.
　　② 参见 3.1 视角与虚拟空间体验的互动关系,毛浩浩. 向多媒体游戏学习:多媒体游戏虚拟空间特征研究初探[D]. 南京:东南大学,2010.

多样性甚至任意性,生成信息含量更大、含义更为丰富的空间影像。当代乃至未来更富参与度和主动性的交互影像,还有可能打破此前的视觉垄断所建立的视角与权力的必然联系,以及自然或社会因素对视角的束缚,让原来被忽视的视角被重新认识,观者与空间对象的互动关系更加丰富全面,赋予空间的观察者极大的自由度,也赋予空间的设计和操作者更为多元的价值判断和取舍。

8.2.2 框景的移动与延时

空间影像中的视景,和图画或影像的观察界面——平面的画框和图版、镜头呈现的二维银幕或屏幕直接相关,因此也被称为景框中的框景(Frame)。在大多数传统绘画图示中,框景是静态、稳定和内聚的,以画面内容代表它所包含或表达的空间对象。而在一些实验性绘画,乃至几乎所有的动态影像,尤其是当代的交互影像中,框景则是发散的,其边界成为其承载和表达空间的动态链接。空间影像的框景,往往影响甚至决定了框景内外的空间关系,以及框景呈现的空间与观者的互动关系。

1)静态框景中的空间

空间影像的静态框景,接近于传统建筑学领域的"框景"概念。通过墙体界面的窗口门洞,形成相对完整独立的空间景框,在空间的观察体验者眼前,呈现景框界面之外(另一边)的空间图景,把图景中的空间景象及其中的活动事件,从其整体空间环境中裁剪出来(图8-6)。虚拟影像空间在电视电脑屏幕中的呈现和表达,正类同于此。屏幕限定的视野范围之内,空间场景可以一览无余地全局式呈现,观察者或操作者在这一范围内进行相关交互空间体验。

图8-6 空间影像的框景图示

但除此之外,有别于静态的画框,或实体空间中的框景,动态交互空间影像中的框景,更多是以移动或延时方式,表达空间对象的两种特质:移动框景(空间的时间化),以及延时摄影(时间的空间化)。

2)移动框景(空间的时间化)

景框所分解的(连续或非连续)空间片段,被时间化为过去、现在和将来,它们所暗示的空间建构将在运动——影像的呈现中完成。[1]

---

[1] 相关界定参见6镜头与观点,周诗岩. 建筑物与像:远程在场的影像逻辑[M]. 南京:东南大学出版社,2007:213.

实际上即便是上述静态框景中的空间景象，也常常随着观者（镜头）运动而产生视点移动和视角的改变，而形成框景对象的变化，也就是移动的框景。罗西（Aldo Rossi）的库内奥市抵抗运动纪念碑（Monument to the Resistance in Cuneo, 1962）方案就充分利用了移动框景的这一逻辑特性。

移动框景在虚拟空间影像，尤其是交互操作的游戏空间中，则有着更为直观的设定和表现，也因此体现出视点与空间体验的互动关系。[①] 出于空间的可辨识度和可操作性的考虑，在电子屏幕或 VR 生成的虚拟场景中展现的虚拟空间（游戏场景）常常只是整体环境的局部，且这个局部空间可以根据操作者/观察者在其中的移动和控制，比如虚拟人物的视点视角、其在场景中的走动，或鼠标在边界的拖拽，动态地呈现出空间对象的不同部分（图 8-7）。这就是典型的空间的时间化呈现。比之更早的建筑漫游动画，虽也具备移动框景的动态特征，却因其预先生成的固定路线和视野，而缺乏必要的互动性，难以在影像中表达空间对象的丰富性和完整性。相关内容在下一小节会具体展开。

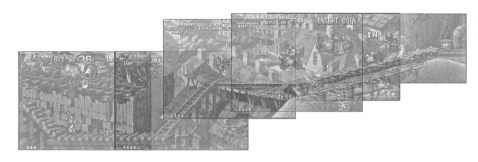

图 8-7　空间影像的移动框景图示

3）延时摄影（时间的空间化）

日常的时间变化因为其恒常性而不能触动空间知觉的变化，影像却令恒常的时间成为一个可变量，并且在浓缩它的时候促成了它的空间化，空间化的时间又反过来以其各种动势改变着人们对空间的知觉。[②]

与强调观察运动的移动框景不同，延时摄影顾名思义则是延续时间的空间影像表达，它将时间的延展变化呈现在空间的影像之中，实现时间的空间化。最典型的空间延时摄影表达，是记录建筑空间本身成长过程（图 8-8），或其在环境中对四季更替、天气变幻而发生的变化记录，将日常感知中缓慢绵长的时间历程，浓缩为短时瞬间的叠加影像。它让空间影像中的时间不再是恒常的定量，而是非均质的变量，通过调控影像呈现时的时间速度，让观者以视觉化的空间变化，感知体验其中的时间变量。

① 3.3 视点与虚拟空间体验的互动关系。毛浩浩. 向多媒体游戏学习：多媒体游戏虚拟空间特征研究初探[D]. 南京：东南大学：远程在场的影像逻辑，2010.

② 周诗岩. 建筑物与像[M]. 南京：东南大学出版社，2007：215.

图8-8　西班牙圣家族大教堂建造过程模拟影像

更重要的是,这种空间化的时间,动态改变人们对空间的知觉,也提醒设计者使用常常忽视,或至今难以在空间设计中表达和利用的时间因素,以及这一重要因素相关联的影响和作用。四季更替、晨昏交叠、天气变幻带来的光影变化,以及建筑空间的物质构成本身随之发生的变化,乃至由此产生的时间景观(Timescape),更是需要设计者着意考量,并在空间影像中表达的重要对象。这里是一个对巴塞罗那德国馆的"电影式"概念建筑实践[①](图8-9)。传统建筑空间旨在提供阻挡外界天气变化的可控的庇护所;而天气作为自然环境常常被排斥和忽略。希尔(Jonathan Hill)把天气作为一种建筑媒介,把当年初建时剥离出的天气情况"放回"建筑。这一电影式的操作造成多重蒙太奇的效果,使人无法忽视时间和建筑的联系。

图8-9　天气建筑/乔纳森·希尔（Weather Architecture/Jonathan Hill）

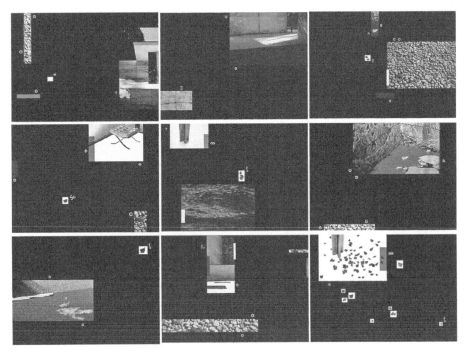

---

① 此例参见:闫苏,仲德崑. 以影像之名:电影艺术与建筑实践[J]. 新建筑,2008(1):41-43.

8.2.3 数字空间框景延展的交互操作(定向延伸/超链切换)

空间影像的定向延展,是空间框景叙事的表达和操作向特定方向的延续线性扩展。其中既有类似中国传统卷轴画的二向延伸,也有地图式的四向或多向扩展。这些可算是空间影像的线性链接,给操作者和空间影像的体验者以连续的空间框景延伸体验。某种程度而言,类似于传统实体空间环境中的一体化在场体验,而连续性正是传统实体空间体验的基本特征之一。[①]

1)卷轴式单向延伸空间的顺时性交互

卷轴式单向延伸的空间影像,方向较为单一,常常只有水平或垂直方向可供延展;或者虽然二者兼有,但常以其中之一为主。空间影像的框景展示视角,也多简化自传统建筑图示方式中的平面或立剖面。对于空间的交互操作体验而言,相对单调,但也让空间体验更为单纯简洁。与此同时,正因为这种简洁性,使得空间可以逐步顺时展开,而让空间体验的节奏和顺序得以稳定展现(图 8-10)。

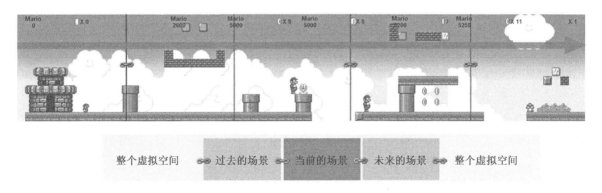

和空间影像中的卷轴式单向延伸类似,古典建筑空间序列的延伸,也多通过连续性过渡加以衔接。这种单向的延续性,也成为传统古典空间的特征,并兼有了线性叙事的特点。无论是中轴对称序列严谨的紫禁城官式建筑,还是更为自由闲散自然延展的园林空间,往往都有着这样导向明确秩序井然的线性序列。

图 8-10 卷轴式空间的交互场景(《魂斗罗》/《超级玛丽》)

2)地图式四向延展空间的共时性交互

地图式四向延展的空间影像,和上述卷轴式单向延伸空间相比,扩展为前后左右或东西南北四个方向的并存,因而由此生成的空间影像不存在明显的单一方向性。其空间体验仍然是绵延连续的,但展示视角更多来自传统建筑图示中的鸟瞰总平面或轴测视点,常给人以地图式的片状整体感。因此时间上的序列感,就不再像卷轴延伸那样明确。空间操作者在互动体验过程中,也就不再以顺时性线性叙事的方式,而是共时性方式获得空间印象(图 8-11)。

古典主义建筑之后的现代建筑空间,往往也存在着类似的空间体验特征。

---

① 毛浩浩. 向多媒体游戏学习:多媒体游戏虚拟空间特征研究初探[D]. 南京:东南大学,2010.

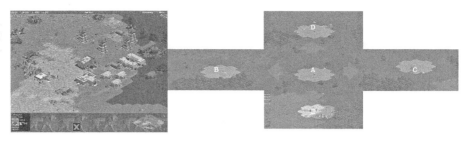

某种意义而言，以现代建筑常见的立方体空间单元为例，每个立方体形成的六面体空间都可以在六个不同方向实现空间的延展。这就使得空间场景的方向性不再如同卷轴序列那样维度单一明确，而是以其多向共时性，承载更为丰富的空间体验和时空相对性认知。

3）空间影像的幕式链接转场切换

而非线性链接的空间交互操作体验，或曰非连续性，可算是数字虚拟的空间影像更易拥有并呈现的特征之一。它常采用超链接的幕式场景切换，类似传统戏剧的转场，也像某些当代先锋建筑创造的空间体验。相比于线性链接的传统实体空间，非连续超链空间影像的"穿越"感，可能更可以激发人们的不同空间体验和思考，带来人与空间更为个性化的互动关系。以上重点了探讨数字空间影像的连续性框景延展，及其带来的空间交互体验；非连续的超链空间场景切换，仅稍加提及，具体会在 8.4 节的空间超序叙事部分详细探讨。

8.3　路径与运动：空间漫游与展现的运镜互动

除了框景的移动和延时，空间影像更为常见的动态变化，来自移动的视点及其与空间对象之间的关系变化，以此产生空间漫游效果。直接相关的要素则包括移动路径、运动速度，以及相关的视野缩放。

8.3.1　常规路径与运动（行走/漫游）[①]

影像空间的体验与表达，常常需要通过一定的漫游路径，展现人物的活动路线，并让观者感受到场所的空间感，进而体会事件发生的存在感。影像空间中的活动路径，常常模拟和展现常规状态下观察体验者的行进路线，主要是行走漫游；当然也有更大尺度或不同速度的行为方式所产生的特殊路径，如类似跑酷类的攀爬、跳跃，甚至无人机摄像的低空扫掠飞行。

1）现实空间影像的路径预设和诱导

在萨伏伊别墅的空间影像中（图 8-12），这幢著名的建筑不再是抽象的专

---

① 本节讨论借鉴参考了周诗岩在"运镜与路径"研究中引用的两个著名案例，只是此处更关注于空间影像本身的呈现及其与表现对象之间的相互关联与影响。

业平立剖面图纸,甚至也不再是专业文献期刊中的那些经典角度的照片;观者在相机镜头的设定和引领下,沿着特定的路径顺序体验空间的层层展现和处处印象,间或穿插传统图纸和展开模型中的路线标识和解说。无论是否亲临现场,这段预设路径在影像中的对空间的引导和表达,都充分传达了某种不同以往的感受。纪录片《勒·柯布西耶》中的路径,以影像中的设定作为对现实空间的补充和诱导,发挥着潜移默化的示范作用。

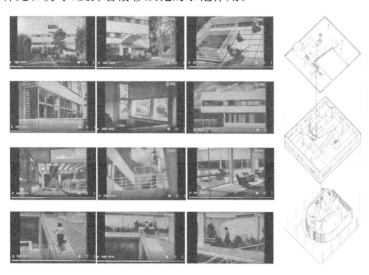

图 8-12 纪录片《勒·柯布西耶》中萨伏伊别墅的空间影像路径

2）预设路径生成的空间序列及其影像

路径所标识的空间序列,不仅是现实对象或设计成果的被动展现。在雷姆·库哈斯这样的设计者手中,空间影像的路径预设,也可以作为空间组织的有力手段。德国柏林荷兰大使馆的空间组织乃至依其生成的空间形态,都是其中一条连续却不稳定的坡道路径所形成的"轨道"及其捕捉的周边环境要素所决定的(图 8-13)。

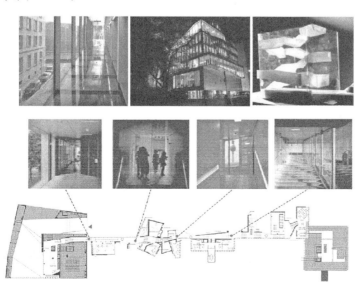

图 8-13 德国柏林荷兰大使馆的空间路径与影像

库哈斯设置坡道的意义不在于连贯地串联建筑内部的各个功能空间，而是将坡道作为预设的运镜"轨道"，以此建构一种捕获建筑外界（即城市中）偶然的和片段的视像的取景程序。这是一种类似电影布景的路线组织，组织的原则服从于影像叙事。路径成为空间的结构方式，而不仅是观察方式。路径生成了空间序列，而不是有一个先在的空间序列等待路径去捕捉。[①]

周诗岩还结合李巨川的《在武汉街头画一条 30 分钟长的线》等影片，用步行所需要的时间单位（min）代替我们通常使用的尺度单位（m）作为距离的表征，探讨了身体与建筑、行为与空间（距离）的关系，及其在影像表达中的运动和空间体验。

8.3.2 非常规路径与运动（变焦缩放/高速运动/非均质化的时空体验）

空间影像中对空间观察和体验的主客体之间运动变化的捕捉，除了常规的路径和移动方式（包括前述的行走漫游、攀爬跑酷，甚至扫掠飞行等），更有数字技术支持下人眼难以实现和体验的更多非常规路径和运动方式。它们包括变焦镜头的伸缩变化和虚拟镜头模拟下的高速运动、非均质化的速率时空。

1）镜头变焦与缩放带来的运动变化

一方面，镜头捕捉的空间影像除了常规运动，即便视点和视角都固定不变，却可能针对不同大小的空间对象，在不同空间距离以及不同远近层次上，进行眼睛或镜头观察焦点、视野范围的变化调节。这种缩放变焦的空间操作，其实也是数字时代的专业设计者们的日常体验——在电脑屏幕上可以任意缩放、灵活聚焦的制图窗口，早已成为我们观察体验和操作空间的主要方式之一。

另一方面，虽然这种肉眼在现实空间环境中无时不在进行操作，日常司空见惯，但通过镜头的模拟，在由此生成的空间影像中，却能得以近乎无限地放大，并轻易实现肉眼难以达成的尺度变换。在著名科幻作品《三体》的影像短片"水滴"片段中，"水滴"表面映射的空间对象，超微到超巨尺度的连续变化，应算此类典例（图 8-14）。

2）不同运动速度下的非均质化时空体验影像

物理学理论早已证明了时空在高速运动状态可能产生的变化，但常规状态下难以察觉。而数字虚拟空间影像，可以让人们以直观的、可视的方式体验时空的非均质特征与多维空间的奇幻：实体空间原来并非均质稳定，在高速运动，甚至近乎光速的运动下，空间将呈现出拉伸扭曲的状态；时间也并非均匀流逝，而是与体验主体的运动状态息息相关。[②]

---

① 周诗岩. 建筑物与像：远程在场的影像逻辑[M]. 南京：东南大学出版社，2007：226-228.

② 3.2 非常规运动状态与虚拟空间体验的互动关系。毛浩浩. 向多媒体游戏学习——多媒体游戏虚拟空间特征研究初探[D]. 南京：东南大学，2010.

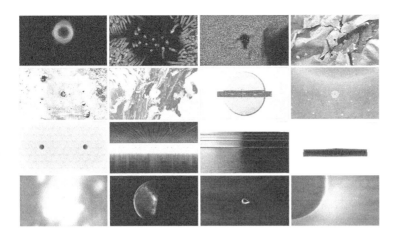

图 8-14　三体水滴空间的无极缩放影像

一方面,高速运动状态下空间影像会呈现出典型的动态模糊效果。其实这种效果并非简单直观的模糊,而是具备了观察者与空间环境相对运动方向的拉伸扭曲。相近的例子是在高速运动的赛车视角呈现的窗外"动态模糊力线"。即在高速运动状态,人们体验到的空间扭曲,空间沿着透视方向发生正曲线拉伸形变,呈现水平方向的延伸。现实空间建筑对象中,著名建筑师扎哈·哈迪德(Zaha Hadid)的诸多方案及其中的标志性流动线条,正是依循类似原理,在其设计的效果图和建成实景中,表达空间的动态延展。数字虚拟空间影像能轻易模拟呈现以上效果(图 8-15),它能帮助人们理解和体验非常规的高速运动状态下空间所呈现的变化。

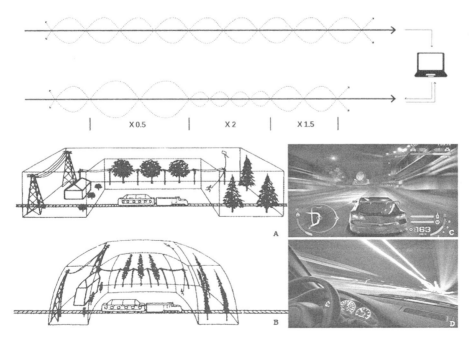

图 8-15　高速运动状态下的非均质时空影像

另一方面,无论传统空间影像,抑或新兴的数字虚拟空间影像,都能通过快慢镜头的操作,调节空间影像中的时空体验变化。库哈斯的"变速博物馆"方案,则是试图在现实空间中,通过不同机械装置(电梯、自动扶梯等)的设置,强化人们在日常步行速度之外的流线体验,实现空间节奏上的变化(图8-16)。前述的延时摄影,可算是将空间在时间中的漫长变化,压缩成短时间内的影像变化,是通过调快"时间"体现空间变化的"慢";影像中常见的慢镜头,则是利用高速摄影捕捉空间对象的瞬息变化,然后调"慢"放映,展现空间变化的"快"。

图8-16　变速博物馆空间体验图示

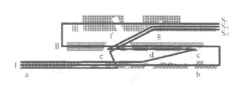

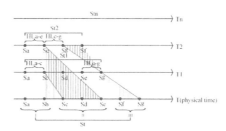

8.3.3　空间影像序列与路径交互

本书绪论已经讨论了历代空间结构与文本叙事结构的互文关系,在此继续结合空间影像的叙事体验与路径交互,探讨不同空间路径可以为设计者和体验者提供不同交互操作。

1)单一线性和树状路径

前节讨论的框景延展和线性交互体验,就是单一线性路径提供的典型空间影像操作类型。单一线性的空间影像序列,往往依循设计者事先预定的行进路径,即所谓的空间主线。在传统古典建筑序列中空间主线往往是层层递进的中央主轴,或是曲径通幽的园林路径;而虚拟的互动游戏场景中,空间主线则往往是故事主人公所必经的事件发生空间场所。这种方式利于呈现特定主题的空间体验,因此往往出现在富有纪念性、典礼仪式感的空间序列,或明确的叙事情节对象之中(图8-17)。

树状支线路径,则是在单一主线路径基础上,设立的诸多次级分支空间场景。在多媒体交互的游戏空间影像中,树状分支路径的设立往往是为了丰富游戏场景和情节空间体验。它们虽然彼此并列甚至独立,但却并不影响主线

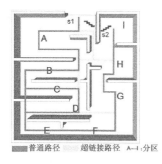

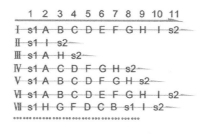

图 8-17 单一线性和树状路径空间序列图示

路径的顺序体验和情节发展,因此仍然具有不同层级的线性序列特征。传统建筑的主次轴线、主要功能空间和辅助功能空间之间的区分,往往也为观览者设立了类似树状路径的空间体验。

2）网状自由路径和自主漫游

顾名思义,相对于线性发展的单一或树状路径序列,网状路径则没有明确的主次之分,在空间体验顺序上也就没有严格的先后时序,而常被称为"沙盒"(Sandbox)式布局。相对于传统线性路径的空间序列给观察体验者的强制引导和设定,网状路径和空间体系,则让观者拥有更多自主性。从单一线性序列到多极网状序列,空间影像序列的线性特征逐渐削弱。这也使得空间序列承载叙事事件的能力被分散,空间体验主体的自由度和自主性则不断得到加强(图 8-18)。

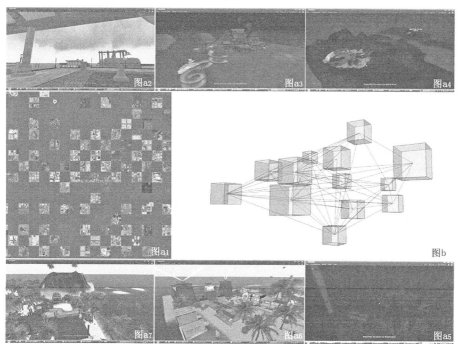

图 8-18 "第二人生"(Second Life)模拟游戏的虚拟空间立体网络路径示意

在数字虚拟的空间影像日渐普及的当下,自主漫游的网状自由空间序列,在打破既定线性叙事结构的同时,通过环境空间设置中提供的交互自由和随机触发的节点支线,可以形成发散式的叙事时空和空间事件,为网状空间路径的体

133

验者提供差异化和个性化的非线性叙事结构。这既有可能生成蒙太奇式随机跳切的时空感知体验——片段化拼贴化的空间体验,也有可能形成连续偶发而又令人熟悉的顺时延绵的空间感知体验——一定时间段内的连续线性空间体验。

3)超现实的虚拟空间路径体验

除了上述线性到非线性路径的维度升级,还有一类路径设定和交互方式,同样只能在虚拟数字影像形成的空间中加以呈现。如同荷兰版画家莫里茨·科内利斯·埃舍尔(Maurits Cornelis Escher)在二维纸面上呈现的那些不可思议的视错觉空间关联,二维电子屏幕上也能以同样的思路设定出超乎现实三维空间关系的路径,为人们提供类似的超维空间交互体验(图 8-19)。

图 8-19 《纪念碑谷》中的视错觉场景

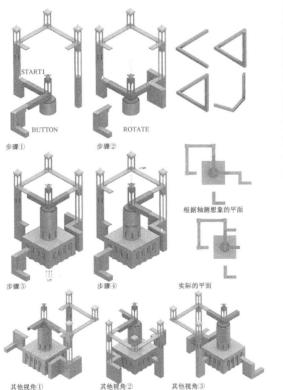

在对著名多媒体游戏场景《纪念碑谷》的建模练习①中,针对超现实空间路径的三种基本视错觉类型:潘洛斯三角形、错位穿插和凸凹反转,进行了各自空间场景的建模还原,进而在过程中呈现了虚拟空间的超现实特性。其中潘洛斯三角形是对三向度空间路径在二维投影成像上的连通,无论应用对象是楼梯踏步还是瀑布水流,利用的都是投影成像叠合的视错觉带来的超现实联结;错位穿插是对三维空间路径前后遮挡关系的嵌套交错,实现路径进深关

---

① 本节案例来源于东南大学建筑学院"数字化技术与建筑"本科课程(主讲/指导教师:俞传飞)作业练习《The Impossible Path 纪念碑谷中的视错觉场景建模解析》,01117207 刘逸卓;相关素材经过一定的调整处理,特此注明并致谢。

系上的颠倒联结;凹凸反转则是对三维体面在视角方向上的翻转,为空间体验者提供截然相反的行进支撑面,并为角色在不同方向的支撑面上的活动,设定了相应的重力规则。

总而言之,超现实的虚拟空间路径,常用诸如翻转、嵌套、叠合等手法,实现三维空间中难以实现的路径关联和空间体验。

8.4　序列与超序:影像空间的叙事方式拓展

无论是常规路径下的漫游漫步,还是非常规路径下的变焦缩放或速度变化,结合不同的视点视角和框景,都能在交互操作中获得更为丰富的空间影像和体验。运动和速度的空间感知变化,还能在数字交互媒体的支持下实现即时动态的调节操作和互动体验。除此之外,在传统蒙太奇等影像剪辑手法的基础上,更新的互动式数字影像也带来了新的逻辑与叙事手法,包括虚拟长镜头和超文本以及一系列实时交互操作下的超序场景叙事。这些正是接下来的本章最后一节详细讨论的内容。

8.4.1　传统影像空间组织:蒙太奇和长镜头

如果将画格比作影像空间的词汇,运镜方式比作它的句法,那么蒙太奇就是影像空间的段落结构,是排篇布局,关乎整个文本的构成。正是在这个意义上,蒙太奇式的空间叙述得以释放巨大的创造力。这种创造力显在地体现为从有限的元素中生成无限多样的空间文本,它的更本质的意义在于:通过时间建立人与空间的多重关系。——周诗岩

1) 蒙太奇和拼贴闪回

蒙太奇(Montage)是法语中的一个建筑学词汇,原指装配、构成,后引申为电影学中的剪辑和组接。不同镜头的并置可以产生戏剧化的情节。剪接方式成为电影叙事最重要的手段。它是电影美学乃至空间叙事中的一个十分重要的术语。其实质,是通过时间建立人与空间的多重关系,是在时间线上的空间材料的结构方式——空间叙述的方式。[①]

蒙太奇的哲学基础包括结构主义和直觉主义。结构主义常指"共时态"下的要素关系,强调空间性;事件的真相不在于各元素自身,而是在于元素之间的关系。直觉主义常指"历时态"下的要素组接序列,强调时间性。[②]蒙太奇具体可分为叙事蒙太奇(Narrative Montage)、表现蒙太奇(Expressive Mon-

---

① 周诗岩. 建筑物与像:远程在场的影像逻辑[M]. 南京:东南大学出版社,2007:244.
② 参见:包行健. 空间蒙太奇:影像化的建筑语言[D]. 重庆:重庆大学,2008.

tage）、杂耍蒙太奇（Attractions Montage）等。传统建筑空间的表述，以及空间序列的构建方式，类似于叙事蒙太奇（线性序列空间）；杂耍蒙太奇，则类似于空间表现时并置插入的那些"意象"素材。

> 闪回的最为重要的意义是建立了过去与现在的某种关系。——德勒兹
> 影像媒介带来的空间碎片的"瞬间匹配"将威胁到传统建筑学所追求的稳定结构。——维利里奥《解放的速度》

拼贴匹配与记忆闪回，常指以多样的原则对空间对象的素材，静态图像或动态片段，进行拼接，而非按照人们在建筑空间中的日常游历路径来组织影像。空间影像的拼贴合成，不是按照真实游历空间体验的线性逻辑，而是按照虚拟影像的跳切和联想逻辑来表现建筑空间。与此同时，空间体验中的记忆片段，也从物理空间对象的稳定顺序，变成了前后跳切的腾挪转换。线性时间的空间序列，有可能真正跨越时空，变成非线性分支网络的空间影像结构。

图 8-20 《2001 太空漫游》片头场景的时空拼贴

图 8-21 《俄罗斯方舟》的电影海报

而斯坦利·库布里克（Stanley Kubrick）的经典之作《2001 太空漫游》片头，从地球荒原上抛到空中的骨头，到万年之后宇宙深空的太空飞船，只用了两个镜头的剪切拼贴，就实现了不同空间和不同时间的飞跃（图 8-20）。我国导演姜文在其作品《阳光灿烂的日子》里，也曾用同样手法，利用一个抛向空中的书包，在瞬间的镜头切换中，衔接主人公的成长和不同时空状态。

2）传统长镜头和数字虚拟长镜头

如果说传统的蒙太奇是利用不同镜头的拼贴闪回和组接，来创造出跨越时间序列的空间叙事场景，那么长镜头则是利用单一镜头在物理层面的长时间连续性，创造出平滑连贯的空间运动体验。简而言之，长镜头是空间影像中长时间连续拍摄的镜头；某种意义而言，长镜头也是一种典型的连续漫游式空间路径。

电影《俄罗斯方舟》中贯穿全片一镜到底的长镜头，把冬宫的不同室内外空间，组织在一套不同时间节点和场景构成的网络之中，只在空间的视觉顺序上是连贯的（图 8-21）；电影海报衬底的冬宫平面图

及其路径,指示了全片一镜到底的长镜头路径,却没告诉观众,这些连贯的空间体验,跨越了俄罗斯历史上不同的时间节点。

数字虚拟的长镜头,则是在数字影像合成技术的基础上,对传统长镜头和蒙太奇手法的弥合。传统长镜头需要物理层面相机镜头的连贯路径,常常受到现实穿行条件的诸多限制,且需要在一个统一的场所空间——传统长镜头需要时间的连贯性和空间的一致性。而数字虚拟镜头因其突破跨越物理限制的新特性,可能获得时间和空间上的极大自由度——数字长镜头可以利用数字影像图层剪辑拼贴技术,进行空间影像的跨时空平滑切换和无缝合成。

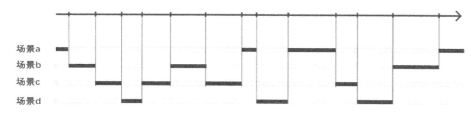

图 8-22　数字长镜头的时间轴图解示意

换句话说,数字虚拟的长镜头可以将不同时间和空间的、真实或虚拟的空间场景,通过数字影像合成技术无缝衔接成为一个镜头的连续运动和时空感知(图 8-22)。而在此过程中,可以说数字长镜头消解了传统蒙太奇剪辑手法的技术内涵,而更加强调分镜拼贴的修辞意义。正因为这样,数字长镜头中的空间影像,也就具备了多维时空的叙事表现和空间感知。

8.4.2　非线性超序叙事(超文本/超链接)

文本结构的变迁经历了从线性到非线性叙事的发展过程。作为互文的建筑空间,其发展也经历了遵循强烈的秩序到打破秩序、从规则到不规则的发展过程,而在当代数字媒介的影响下,其正在向四维空间拓展。这一点从本书绪论开始就已经进行了一定的介绍和探讨。虽然蒙太奇手法的运用,早已打破了线性空间叙事的序列,但若就数字剪辑和影像处理技术支持下的拓展而言,具体的空间影像叙事方式在传统剪辑之外,所获得的诸多超序叙事的新形态,还需要进一步的分类探究。这一部分对空间影像超序叙事方式的探讨,和下一章相关数字影像逻辑下的空间感知和空间叙事表达更进一步探讨相互映照。

1) 空间影像的超序叙事[①]

空间影像的超序叙事方式,其基本特征是在传统序列的线性时间维度获得更多超文本特性。具体而言,可以细分出多线叙事、多层次叙事、阵列叙事,以及非线性碎片化叙事等不同具体方式。

多线叙事,相对于传统单线叙事而言,通常是将多条时间线索下的不同时

---

① 参见"数字影像空间场景的时间维度表达和特征". 王沁毓. 数字影像逻辑的建筑时间维度研究初探[D]. 南京:东南大学,2021.

空维度相互交织,以倒叙、插叙等不同手法加以重组,结合不同人物视角或情节因果的设定和关联,实现多样性的时空叙事结构。其大致又可细分为发散性树状分支叙事和并列倒置/循环叙事。传统影视作品如《低俗小说》(*Pulp Fiction*)和《撞车》(*Crush*)等,可算较为早期的多线叙事典例(图 8-23)。数字网络化媒介的交互性,更让影像的体验者——观众,拥有了参与选择情节走向,构建发散性多线分枝叙事的可能。如美国网飞公司(Netflix)数字媒体平台的《黑镜:潘达斯奈基》(*Black Mirror:Bandersnatch*)和 VR 电影《破碎之夜》(*Broken Night*),就为观众提供了同一事件不同情节走向或不同侧面角度的多线选择和沉浸式体验。

图 8-23 电影《低俗小说》的多线叙事图解示意

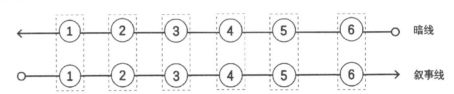

多层次叙事,也可称为多层嵌套的复合叙事结构,指叙事情节中不同时间和空间场景的多层嵌套,且因果逻辑相互关联彼此影响,形成多层次相互渗透的时空感知体验。典例如《布达佩斯大饭店》(*The Grand Budapest Hotel*)中不同时间维度空间场景的嵌套叠合,并将不同时空场景以不同画面比例加以呈现(图 8-24);而《盗梦空间》(*Inception*)则通过不同时空场景的塑造展现层层梦境的嵌套(图 8-25)。

图 8-24 电影《布达佩斯大饭店》的多层次时空叙事结构图示

图 8-25 电影《盗梦空间》的多层次时空叙事结构图示

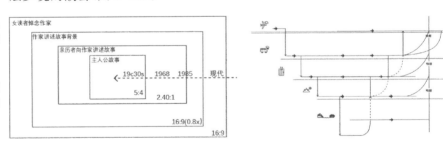

阵列叙事,简而言之就是以多画面阵列方式的共时呈现,实现空间叙事的超序并置。它以共时性方式突破单一线性历时性叙事,也被相关学者称为数字影像的"阵列美学",以去中心化和相对离散的空间叙事结构,让观众在视线游移和散点聚焦的过程中,形成潜在的交互和更为个性化的时空体验。某种程度而言,可以说和所谓屏性媒介①的分屏显示方式异曲同工,也算信息感知媒介的虚拟数字化发展,反过来拓展和影响了空间叙事的表达方式。典例如刘鑫的影像作品《利物浦海滨时刻》,就将城市场景的多窗口画面阵列并置,让观者形成对城市整体风貌的综合认知和个体感受(图 8-26)。

---

① 屏性媒介,指以电子显示屏幕(如电视、电脑、电影,其或手机移动终端、户外广告屏幕等)为主要信息展示方式的媒介;相对于传统纸质媒介,泛指电子或数字信息的展示载体。

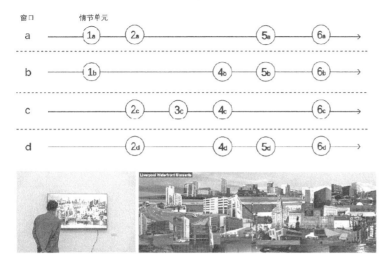

图 8-26　影像作品《利物浦海滨时刻》的阵列叙事

非线性的碎片化叙事,则是在数字信息极大丰富而信息传播碎片化趋向由来已久的当下,逐渐为人们熟视无睹的典型叙事方式。一方面数字信息和网络传播的便利使得空间影像以短小的片段化形式普遍蔓延,另一方面,传统意义上叙事表达的完整形态被越来越多地浅表化、暂息化。时间上越来越短,空间上越来越碎,相应的时空影像叙事也就渐趋碎片化非线性组合。数字空间影像则将碎片化的时空单元,通过特定的叙事逻辑或情节主题,串联拼接成离散跳跃的非线性空间叙事体验。电影《记忆碎片》(*Memento Mori*)则是这种叙事的典型代表之一(图 8-27)。

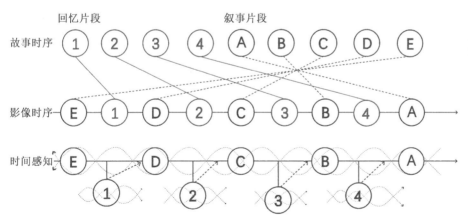

图 8-27　电影《记忆碎片》的非线性碎片化叙事结构图示

2) 空间场景的超链接跳转

本书之前已多次讨论,传统物理空间的链接方式,基于人们在日常体验中的稳定连续的时空观,多表现为单一线性或树状路径的联结,即便是自行漫游的网状路径,对个体体验而言也至少是连续稳定的。而此处讨论的是基于超文本结构的超链接空间,它打破了传统空间的单一稳定和连续性空间序列,极大拓展和丰富了空间体验的多样性、交互性。

从超文本叙事结构,到空间影像叙事的超链接交互体验,不再是前述的被动观览,而可以是观察者和操作者在空间影像之中的主动交互。超链接空间场景在相关建筑和数字交互影像中,通常由空间节点和节点之间链接组成。空间节点可以大到城市山林,也可以小到某个特定室内或室外场景或空间功能单元;而节点间的链接则既可能是常规意义上的物理路径(线性链接),也可能是跨越时空瞬息即达的超链接结构。

在前节分类的基础上,非线性的超链空间叙事,可以归纳出以下特点:超链接可以跨越物理时空的限制,联结三维空间甚至不同时间里彼此分隔的空间单元;不同空间场景之间的超链跳转应该是时间趋近于零的瞬息速度,或至少能让体验者忽视时间的损耗;超链接应是双向或多向的,因此极具交互性,体验者的参与会通过不同走向的自主选择带来不同的结果和体验。

典型意义上的虚拟空间游戏场景,往往能够轻易满足上述特征。对经典作品"雷神之锤Ⅲ"(*QUAKE* Ⅲ)的虚拟空间场景结构进行分析,不难发现,结合空间场景中的"传送门"设置,游历者可以在以常规方式奔跑于场景空间的同时,从特定的超链接点穿越到其他地点或场景。其空间体验序列也就变成了传统线性或矩阵基础上的多维超链体系(图8-28)。

图8-28 QUAKE Ⅲ 空间场景超链接结构分析图示

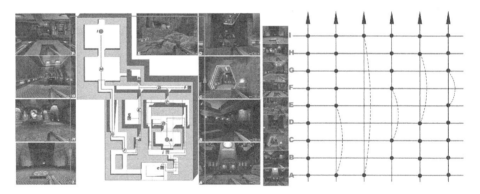

除此之外,现实建筑空间的超链接特性,也可以通过以电梯、自动扶梯和机械传送带等实现交通联系的机电设备装置的类比体现。而且这种特性和与此相关的超链接空间结构,还被许多当代建筑师有意识地运用到相关设计方案之中。库哈斯早在其1989年的法国国家图书馆竞赛方案中,就尝试在一个"起降大厅"(The Great Hall of Ascension)的大型公共空间,设置了五个彼此分隔在不同高度和方位的小图书馆空间单元,再利用九部透明玻璃构成的垂直电梯和不同空间单元之间的自动扶梯,建立这些相互独立的空间单元之间的超链接联通路径(图8-29)。同样是库哈斯在纽约的惠特尼博物馆改扩建方案(2001),则在诸多楼层之间,通过巨大的自动扶梯,建立了间隔楼层之间的超链接路径;因为不同功能分区的楼层与不规则形状的平面相关联,自动扶梯恰在灵活布置的不规则楼层间提供了多重跳跃的不同参观路径(图8-30)。

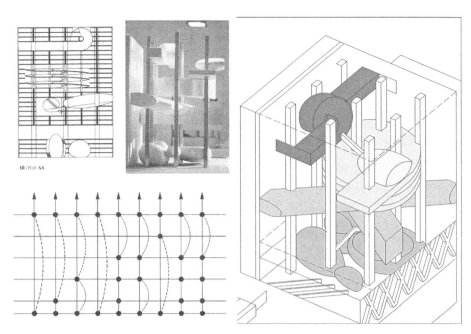

图8-29 库哈斯的"法国国家图书馆方案"超链接空间结构分析图示

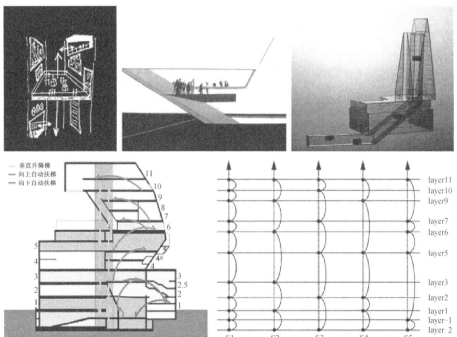

图8-30 库哈斯的"惠特尼博物馆改扩建方案"超链接剖面空间分析图示

S1 原始路径

S1-S5... 超链接带来的不同路径

9 空间影像的体验与表达

前面两章介绍讨论了空间影像解析表达的界定及其技术应用,包括影像解析的工具与技术、影像表达的相关素材,以及这些技术和素材应用背后的逻辑和要素。在此基础上,本章打算在空间影像的观察体验和操作表达两个层面上,进一步探讨古往今来、形形色色的空间影像,是如何具体应用上述技术和素材,并结合相关要素展现其中的影像逻辑。相关研究和思考最终也回归落实到数字影像逻辑之下的空间感知和空间叙事。

9.1 观看之道(观察体验)

外行看热闹,内行看门道。在如今的高速移动网络和数字信息时代,建筑和城乡、自然与人工空间的观察体验,几乎无处不在但被人类熟视无睹。通过历代积淀的不同技术媒介,沿用二维三维乃至多维不同的观察方式,空间对象在不同影像之中带给人们不同的体验。人们总是在看,却似乎没有看到什么;总是在听,却又总是听不到什么;总是想要言说些什么,却常常不得要领,言之无物⋯⋯

9.1.1 三维空间的二维体验

在探讨建筑空间的表达媒介时,我们就已了解,除了口耳相传的模块化术语所凝练的专业信息,图面或画面可算是最为直观传达空间信息的二维体验媒介。无论是传统的物理图像,还是动态虚拟的数字影像,大多仍需通过二维界面(纸张和屏幕),让人观察体验其中的空间对象。

1)空间信息的抽象与压缩

图 9-1　皮拉内西的监狱系列透视版画

除了现场的亲身经历,人们对空间由来已久的间接直观体验,基本来自二维介质。一方面是因为传统或当代的技术媒介所限,另一方面也因为降至二维的空间信息抽象和压缩,也更便于观者的把握和体验。平立剖面投影这样的传统专业技术图纸,主要是为了传递技术数据和信息,虽然经验丰富的专业设计者或研究者也能从中轻易解读复杂的空间体验。更多时候,三维空间的二维体验,还是来自更为接近人眼日常体验的立体透视图景(图 9-1)。

对于空间对象的二维描绘和传达体验,既可以是最为基本简洁的物件呈现,也可以是极为纷繁复杂的城市建筑场景;既可能是手工自由粗略充满个性的抽象提炼,也可能是计算机辅助工具建模渲染的照片写实具象拟真。但无论如何,这类空间信息的降维立体呈现,哪怕是单帧静态的图像/影像成果,总能让观者轻松把握其中的空间特质。

2) 东西方空间体验的差异

虽然人们常以为读图是与生俱来的自然之举,但其实通过不同二维介质和表达方式有效理解获取空间信息,也是不同环境的耳濡目染,甚至需要专业训练才能获得的空间体验和理解技能。在不同的社会文化环境之中,即便是看似简单直白的二维图面解读,也有着或明显或微妙的差异。

以中国为代表的东方,自古早已在山岩墙壁、石木、绢纸灯不同界面描绘大千世界的山水城林、屋舍院宅等空间对象。只是不同于西方数百年来的透视传统,东方更多以散点"界画"方式描摹空间场景,传达空间印象。中国古画中专业的建筑空间,更多传达的是整体格局意向,而非精准专业信息或直观空间体验。

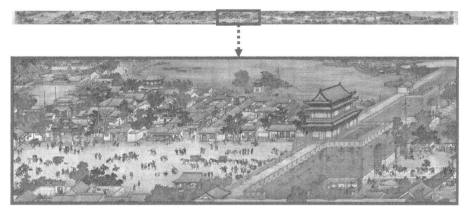

图 9-2　国画长卷的动态浏览方式,《清明上河图》,张择端(宋)

图 9-3　中国古建筑斗拱局部剖切透视图(梁思成)和西方古建筑柱式投影图对比

而国画中典型的卷轴形式,以其特定方向的延展性,而具备了天然的空间序列和某种意义上的叙事功能(图 9-2)。长轴画卷的观读方式,又在观画主体和画面空间的课题之间,建立了更为丰富的交互操作关系。这一点我们在空间影像的序列与交互一节已有讨论。

梁思成先生结合东西方空间表达的传统特长,对中国古代建筑进行了精准测绘和精心表达,如佛光寺大殿的剖透视图,表现的既有

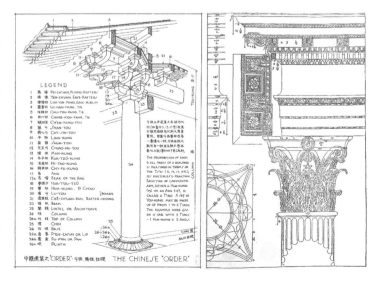

精准复杂的木构建筑专业信息,也有木构空间的典型体验(图9-3)。

　　而西方文艺复兴以来的透视画法,虽然早已是人们习惯成自然的"天然"空间描绘和体验方式,其实仍有其与生俱来的局限性。比如无论画幅大小,透视画法多以一个虚设的单眼固定视点,作为空间对象的生成基准。由此生成的空间图景,一旦观者视点偏移或转换,就会发生不可避免的错位①(图9-4)。当透视画面尺寸大到一定程度,或画面内容复杂到一定程度,难以一目了然时,观者自然会采用局部游移的方式分部观览体验,但其观览顺序却不像国画卷轴那样具有更为明确的线性顺序。

图9-4　不同视角的展望大厅,巴尔达萨雷·佩鲁齐,1516

图9-5　《芙蓉锦鸡图》,赵佶(宋),其数字化版本数据容量高达40GB

3) 从图纸到数字影像媒介的视觉差异和信息变迁

　　在纸质媒介观赏图画,和电子屏幕上观看图片影像,其实有一个根本性差异——不同的视觉成像机理。实体媒介是通过光线的反射在人眼成像,而电子影像则是通过自发光的CRT电子射线或液晶产生不同色彩图像,二者的成像原理决定了截然不同的色域范围。这也是为什么人们看到的物理原版图像或印刷品会更加柔和逼真,颜色更"正",因其具有原真性;而电子屏幕上的自发光图像则在肉眼可察的范围内,显示出更为强烈的饱和度和对比度,更不用说不同的显示设备因为技术质量的高下也效果各异。但从另一个角度而言,这种从实体到数字领域的色域反差,未尝不是某种新的空间表达效果和拓展。

　　与此同时,物理实体图像的数字影像化,其实有不同程度的信息损耗。这些损耗很多情况下似乎可以忽略不计,但其实微妙却差异巨大。宋徽宗的《芙蓉锦鸡图》,在二十年前的数字化故宫博物院中,需要占用40GB的数据容量(图9-5);而如今的一张伦勃朗名画

---

① 佩鲁齐. 展望大厅[M]//. 奥利弗·格劳. 虚拟艺术. 陈玲,译. 北京:清华大学出版社,2007:29.

《夜巡》,在数字化高清在线虚拟博物馆中,更据称超过10TB,分辨率448亿像素,由528次曝光的图片拼贴而成①(图9-6)。这些巨大的数据量差异,来自不同数字影像的采样分辨率在数量级上的区别,也来自不同采样设备的还原精准度差异;即便如此,仍无法和实物原型相提并论。

图9-6 《夜巡图》,伦勃朗(荷兰),其数字化版本数据容量超过10TB

和在数字影像中一味追求空间对象的拟真性不同,另一种思路是另辟蹊径,发挥数字媒介特有的动态交互优势。打破千百年来的静态空间图像的桎梏,让空间对象动起来。这刚好也顺应了高速网络和短视频时代,人们越来越不可忽视的甚至取代传统透视观法的新型空间体验定势(图9-7)。当代创作者参照上述《芙蓉锦鸡图》的国画山水花鸟经典,以动画形式演绎传统国画的山水花鸟空间。

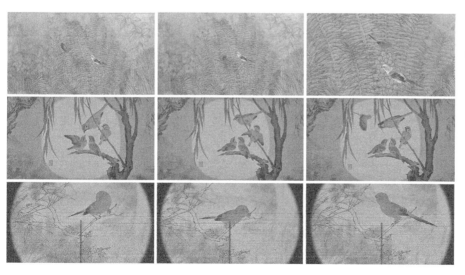

图9-7 《美丽的森林》(杨春,2017)国画山水花鸟动画截图

---

① https://hyper-resolution.org/view.html? pointer=0.250,0.000&i=Rijksmuseum/SK-C-5/SK-C-5_VIS_20-um_2019-12-21

9.1.2 三维空间的 2.5 维体验(舞台布景)

从二维介质的空间图绘和三维空间的现实体验之间,其实早有介于两者之间且普通人并不陌生的特殊装置——舞台布景。传统戏幕或舞台(尤其是镜框式舞台)所营造的戏剧场景空间,一方面具备现场体验的三维空间属性,另一方面又因为戏剧欣赏观摩的需求局限在一定进深尺寸范围之内。这样就使得这种装置所呈现出的空间影像,兼具二维框景和三维空间的特质,姑且称为"2.5 维空间体验"。

1)中国传统戏剧舞台布景(皮影和戏曲)

在中国传统民间艺术门类中,最有符号性的叙事表演艺术之一,是源远流长的皮影戏。这是一种以兽皮或纸板制成人物和场景道具,通过幕后光源投射到白色戏幕上,配合幕后的皮影艺人的操控和唱腔曲调,演绎各类民间故事的艺术形式。其故事发生的场景舞台空间,全赖白色幕布上道具的投影。道具和投影幕布是二维介质,幕后表演者则有三维操作空间。空间的压缩和简化,实现了空间影像的符号化抽象,又通过民间乐器的配乐和艺人的唱词唱腔

图 9-8 皮影戏展现的平面化空间布景

获得多维度的空间氛围提升,最终营造出故事演绎所需的 2.5 维空间体验。当然空间在这里并非主角,更多是故事发生的舞台和场景(图 9-8)。张艺谋的电影《活着》,刻意为主人公的角色添加了原著并没有的皮影戏艺人身份,却很好地通过这一特殊的空间影像叙事,发挥了有别于小说文本的视觉叙事和空间展现特质。

以昆曲和京剧等为代表的中国传统戏剧,在舞台空间的设置上也有此类特色。其中昆曲的舞台可能算最早的极简化空间场景,往往只是素色的幕布低垂,配以简单的舞台道具,几乎所有的故事发生和空间体验,全靠戏曲演员在舞台上的唱念做打,传递特定空间信息(图 9-9)。比如著名唱段《林冲夜奔》中雪夜草场的空旷肃杀,一方面来自演员的姿态眼神和唱腔演绎,另一方面则来自观众对经典桥段的共同想象和意会。

图 9-9 昆曲舞台的极简化"虚拟"空间布景

2)从透视效果到虚拟现实下的近当代舞台布景

相比之下,西方的舞台布景,则往往更为具象,追求空间纵深的视觉印象。甚至文艺复兴早期空间的透视表达最早应用之一,更多是在戏剧舞台的布景

装置,而非建筑专业独有(图 9-10)。近代的歌剧舞台,甚至早已开始配合灯光投影设备,营造亦幻亦真的舞台空间效果。随着数字虚拟空间和数字影像虚拟现实的日渐普及,大家喜闻乐见的电视晚会舞台,除了现场的投影和机电设备,越来越多地通过虚拟现实技术,将传统难以处理的数字特效空间甚至虚拟人物活动,也拟合到影像屏幕上,让观众难辨真伪。

在数字空间影像早已司空见惯的电影银幕上,空间场景在影像叙事中所扮演的角色,却也并非仅为追求新奇的视觉特效,而是让传统物理空间及其中的空间特质,结合特定的拍摄叙事手法,塑造着兼具舞台布景却又独具特色的空间影像。

3)《步履不停》空间叙事分析

日本导演是枝裕和在其作品《步履不停》中,是有将房子(建筑空间)作为主角的想法的。通过改变空间场景和不同人物的组合,限定空间内的人物关系和情节事件得以生动呈现;更重要的是,空间场景的影像表达,在其中发挥了不可忽视的作用和影响。

首先是限定空间下的平行叙事。影片表达了一天中的早晨、中午和晚上三个时间段人物一家的不同活动,这些活动都发生在家宅的不同空间:和式家宅、前厅诊所、厨房浴室,以及联结不同空间单元的走廊和连接室内外的缘侧空间等。其次,和室空间的门扇框景和不同空间层次的景深,如同现实生活中的舞台,在空间影像中为人物活动的不同情绪和状态提供了相应的空间布景[①](图 9-11)。

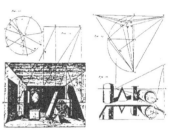

图 9-10 透视画法用于舞台三维空间布景

图 9-11 影片《步履不停》(是枝裕和)中的家宅空间和场景叙事图解

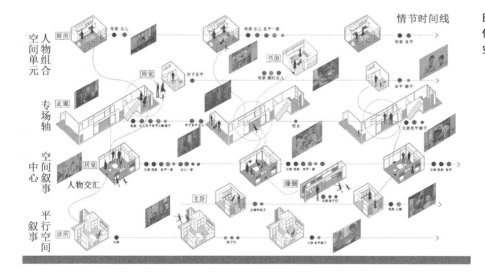

———————————
① 本节案例源于东南大学建筑学院"数字化技术与建筑"本科课程(主讲/指导教师:俞传飞)作业练习《日本家宅空间与人物情感构建:步履不停的电影空间叙事解析》,01518102 孙泽仪;相关素材经过一定的调整处理,特此注明并致谢。

9.1.3 动态影像中的城市与建筑

相比较于传统的舞台空间,经典电影和新兴交互媒体中的空间场景和数字影像,又运用不同的空间素材,以各自的技术手法和叙事逻辑,发挥着多种多样作用的空间影像表达。

1) 单一空间/局部空间/建筑大楼

单一空间通常尺寸不大、形状简单,但在其中发生的形形色色的事件,却也能给人带来丰富甚至极端的空间体验。电影《电话亭》(*Phone Booth*)中,主人公被困在一个电话亭的方寸空间里,而整部影片全是围绕这方寸内外所演绎的惊心动魄的故事。这个单一空间四面透明无所依靠,影像叙事让观者体验到单一空间场景所承载的紧张压抑(图9-12)。

图9-12 影片《电话亭》海报,方寸之间的极端空间体验

局部空间的尺寸比单一空间更大,也更为复杂,常指特定建筑中的部分空间范围,作为影像叙事的故事发生场景。库布里克(Stanley Kubrick)的影片《闪灵》(*The Shining*),很多场景都选在一个山间度假旅店。以一点透视的对称构图展现的空荡荡走廊和电梯厅,配以孤零零的人物活动和令人窒息的配乐,营造出提心吊胆的惊悚氛围,赋予这些看似平平无奇的现代建筑场所以不同寻常的空间体验(图9-13)。

图9-13 影片《闪灵》场景截图,寻常空间的异常体验

更为完整的建筑和大楼,则是很多电影影像中不可或缺的事件发生场所和空间场景。大家津津乐道的阿尔弗雷德·希区柯克(Alfred Hitchcock)的《精神病患者》(*Psycho*)中哥特式住宅和水平延展的汽车旅馆形成的精心的建筑组合,以及《后窗》(*Rear Window*)里那个小小的街区公寓楼内院,常常成为电影影像中空间场景的经典引述。它们既是建筑学意义上的空间对象,也是故事发生的舞台,某种意义而言,更是创作者借以表达特定隐喻和含义的空间媒介。

1992影片《虎胆龙威》(*Die Hard*)虽然只是标准的好莱坞经典动作商业片,但其中整个故事发生场景所在的高层办公楼,正是电影制片20世纪福克斯公司当年新近落成的福克斯广场大厦。这座建筑由建筑师约翰逊·费恩(Johnson Fain)设计,是一座典型的商业办公楼,在建筑历史上也许并不起眼,但却成为电影艺术历史上不可取代的空间影像(图9-14)。

图 9-14　影片《虎胆龙威》海报及建筑图纸

影片《千钧一发》(*Gattaca*)讲述了未来基因优选科技盛行背景下,一个普普通通因自然生长有着基因缺陷而遭优选基因淘汰的底层主人公,克服重重困难奋勇追逐航天理想的故事。故事中的空间场景既有著名现代主义建筑大师弗兰克·劳埃德·莱特(Frank Lloyed Wright)的晚期作品珍珠宫,也有象征着DNA双螺旋结构的螺旋楼梯这样的建筑构件,以此发问"基因决定不了人的精神",引发人对科技发展与社会伦理的深思(图9-15)。

图 9-15　影片《千钧一发》场景截图,珍珠宫和螺旋楼梯

2）历史建筑的还原/法政空间重建

除了利用现当代城市建筑的空间场景叙事和影像表达，历史建筑和特定场景事件的还原，也是空间影像的重要用武之地。此处的空间影像，借区别于图纸和模型的动态展现方式，常能让观者更为真切地体验历史上曾经的空间场景，也或者更为精准地观察事件发生的空间轨迹。

和传统历史文献中的文本、照片不同，BBC历史纪录片《奥斯维辛》（*Auschwitz*），除了电脑建模模拟的逼真场景，更有营房空间从抽象到具体、从形体到材质光影的具体剖析和生成过程，冷静客观地再现了这个历史上惨酷的空间环境（图9-16）。

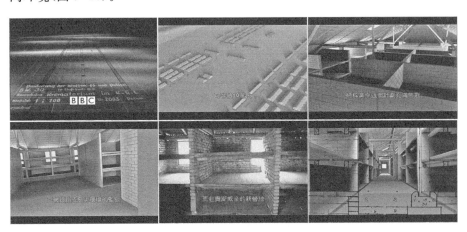

图9-16 BBC纪录影片《奥斯维辛》场景截图

而所谓法政建筑（Forensic Architecture），则是指通过数据分析、行为模拟和场景建模还原，介入社会事件调查取证的跨学科研究操作，通常涉及建筑师、数据分析师、软件工程师、调查记者、考古学家等不同专业人员。物理空间和虚拟场景的精准重建、合成、还原，以及相关数据的图解分析处理，都是此类活动的重要技术方法和操作手段（图9-17）。

图9-17 法政建筑《77sqm_9：26min》项目，事件发生网吧物理空间虚拟重建合成图[①]

3）未来城市与建筑（乐观/悲观）

科幻作品中对未来城市与建筑的空间展现，除了人们耳熟能详的《大都会》（*Cosmopolis*）、《银翼杀手》（*Blade Runner*）等影片，这里对两部恰成对比

---

① 翁家若. 专访 | 法政建筑：行动于世界冲突的核心地带，假新闻时代的建筑侦探[EB/OL].（2019-03-02）[2022-04-23]. http://www.tanchinese.com/archives/news/42125.

的动画作品稍加探讨。同样改编自同名漫画作品,《苹果核战记》(*Appleseed*)和《攻壳机动队》(*Ghost in the Shell*)反映出对于未来高科技发展之后的城市和建筑的两种截然不同的想象和体验表达。

《苹果核战记》中未来城市的空中鸟瞰视点和鹰眼全景,呈现的是某种充满乐观精神的乌托邦场景。斜面如山体般巨大的太阳能电池板,鳞次栉比的闪亮高楼,无不显现着创作者描绘的高科技未来城市环境,及其在白云蓝天之下通透敞亮的空间体验(图9-18)。

而经典科幻动画《攻壳机动队》,描绘展现的则是人们在未来城市中对科技与人性、真实与虚拟之间的彷徨质疑。城市环境常在淅淅沥沥的阴雨和令人压抑的高楼缝隙间,配以空灵幽远的人声吟唱,以低矮仰视框景传达出拥塞混杂的空间体验(图9-19)。

图9-18 影片《苹果核战记》场景截图

这种空间视点的变换和场景视角的设定变化,本书上一章"数学空间影像的逻辑与要素的逻辑"中"视点与视角"部分已经有所讨论,这里刚好结合以上具体空间影像实例,进行了更进一步的直观体验和展现。

4)《我的世界》(*Minecraft*)中的经典再现

我们在第7章空间影像解析的技术应用部分,曾经讨论过实时渲染交互生成工具(GE游戏引擎)的应用,可以让人们在其中实时体验虚拟空间场景。而且和前述的诸多电影影像中按照特定叙事顺序固定的空间影像不同,实时体验的空间影像甚至还能让观者参与其中并改变和建设空间场景中的环境对象。以下一系列以《我的世界》为平台进行的实时建造体验,让人在其中感受到诸多建筑经典所呈现的虽然略显粗糙,但却在传统影像媒体难以展现的实时动态交互体验。

现代主义建筑大师密斯·凡·德·罗(Ludwig Mies Van der Rohe)设计的巴塞罗那展馆,曾经在最初的建成之后,仅留下为数不多的黑白照片,供后人学观瞻揣摩;虽然后人通过专业图纸、计算机模型和实地重建,终于能够得以再次现场体验,却毕竟传播有限。而在《我的世界》

图9-19 影片《攻壳机动队》场景截图

这一虚拟建造环境里,我们得以随时随地的重温经典,甚至还能通过实时虚拟建造环境,瞬息感受这一流动空间内外不同时间的光影变化(图 9-20)。

图 9-20　在《我的世界》实时游戏平台中重建的巴塞罗那展馆场景截图

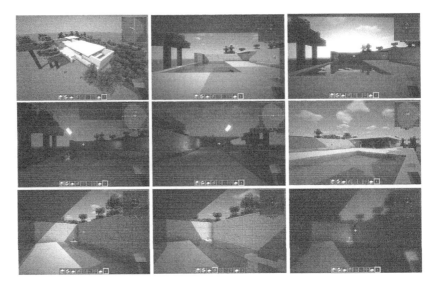

基于同样的思路和操作,我们还尝试建造了路易斯·巴拉干(Luis Barragen)设计的圣·克里斯特博马厩别墅和赖特著名的流水别墅。前者以沙地平台环境的诸多原色墙体著称,却在虚拟环境的茫茫夜色中,明月低垂,让观者体验了色调模糊却饱含情感的住宅院落空间[①](图 9-21)。而流水别墅则在实时建造平台环境中顺利模拟建筑所处的山林溪地,进而让建造者和体验者在其中感受真实环境的影响,甚而需要结合虚拟建造平台的构件材料等尺寸限制,进行不同空间细节的取舍[②](图 9-22)。

图 9-21　在《我的世界》实时游戏平台中建造体验的圣·克里斯特博马厩别墅场景截图(左)

图 9-22　在《我的世界》实时游戏平台中建造体验的流水别墅场景截图(右)

① 本节案例源于东南大学建筑学院"数字化技术与建筑"本科课程(主讲/指导教师:俞传飞)作业练习《圣·克里斯特博马厩别墅的 Minecraft 虚拟建模》,01114319 张涵;相关素材经过一定的调整处理,特此注明并致谢。

② 本节案例源于东南大学建筑学院"数字化技术与建筑"本科课程(主讲/指导教师:俞传飞)作业练习《流水别墅的 Minecraft 虚拟建模》,01518125 王沛然;相关素材经过一定的调整处理,特此注明并致谢。

具体的操作者和体验者都反映,虽然数字虚拟环境的模块、尺寸和材质光影,与现实原作相比都存在不同程度的粗糙失真;但正是这实时沉浸其中的交互体验,带来了远远胜过传统资料图片和文字描述的空间体验和令人印象深刻的生动感受。

以上可见,传统图像媒介难以展现和体验的时间因素,能在动态空间影像的记录和演绎中按特定速度和顺序得以展现;而实时交互的动态体验,则更上一层楼,让人们能够在这些经典建筑空间中真正感受晨昏更迭的光影变幻、四季更替的岁月枯荣,乃至气候变迁的阴晴雨雪。

9.1.4 超维空间(hyper space)的观看与体验

无论是常规二维图面,还是动态交互三维影像,其观察体验的对象往往都还是日常物理空间对象;而空间影像逻辑下的观看和体验,还能拓展到超出日常维度的超维空间对象。这类超维空间对象,通常可能是科幻叙事中的虚拟设定,也可能是严格遵循科学规律但却以日常难以体察的方式加以影像解析的空间状态。

1)从现实景观到立方矩阵(CUBE)

加拿大纪录片《人造景观》(*Manufactured Landscapes*)开场那缓慢的长镜头,以超乎常人日常耐性的平稳枯燥,向人们展现了远超日常空间尺度的苏州工业园厂房。这个镜头只是以均匀的速度,领观众从厂房车间的一端完整地体验了这个超人尺度的室内现实景观(图9-23)。

图9-23 纪录片《人造景观》开场的厂房室内景观场景截图

而在本书第6章曾经介绍的影片《立方矩阵》(*CUBE*)中的事件轨迹图解分析,则涉及了一个超现实立方体矩阵迷宫中的空间体验。之前分析的重点是前集中的人物活动和事件轨迹,这里进一步探讨的,则是在其续集并不复杂的立方体单元矩阵中迥异于常态的具体空间体验。

该影片续集的标题就可见一斑《立方平方》(*CUBE^2*),喻指其复杂程度不是简单加倍,而是呈平方指数增加。前集中的立方体单元是工业化风格的金属框架和材料围合的单元空间,虽光线幽暗,其中的空间体验尚属常规,只是有不同的机械致命机关。而续集的立方体空间单元,则呼应不同时代的建筑风格,转变为浅白明亮光线充足的空间环境,材质也变得光滑挺括;更重要的是,不同立方体空间有可能让人感受到不同的超维空间体验——不同的重力方向、不同的时间流逝速度,

以及不再稳定的空间状态(图 9-24)。

图 9-24 影片《立方矩阵》与《立方平方》的立方体空间单元比较截图

所有这些超维空间体验,自然也成为影像叙事中的不同逻辑因果的影响因素,进而反过来让观影者在欣赏影片的同时,也体会到不同于日常体验的空间印象。

2)超维空间的建模分析

影片《盗梦空间》(*Inception*)则更上一层楼,不再满足于简单的空间单元超维体验,而是直接结合故事脚本的设定,创造出了层层嵌套的梦境世界,让观众和影像中的人物一起,在其中虚实莫辨,体验种种超现实维度的奇观——其中既有建筑空间场景的旋转颠倒,也有整个城市的翻卷折叠(图 9-25)。

图 9-25 影片《盗梦空间》中的虚幻城市建筑场景

如果说目前讨论的所谓超维空间体验,都是创作者虚幻的想象设定结果的话,同一导演克里斯托弗·诺兰(Christopher Nolan)的另一部影片《星际穿越》(*Interstellar*)中的超维空间场景,则据称来自精准的科学计算和数理逻辑。由德国数学家赫尔曼·闵可夫斯基(Hermann Minkowski)在 1908 年提出的四维时空世界线,可能是影片超维空间场景的理论依据。物理空间在时

间线上的延展挤压(extrusion),有可能形成四维超正方体;而四维超立方体在三维空间的投影,其每个面都是一个三维立方体空间(图 9-26)。据此思路进行的建模分析[1],当然只是对科学设想的粗浅视觉影像模拟,也是对星际旅行的宇宙深空和超时空的多维空间的体验想象。

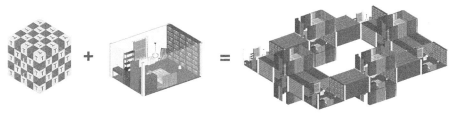

图 9-26　影片《星际穿越》中的四维空间印象的建模分析

9.2　叙事之道(操作表达)

前节从空间影像的观察与体验层面,探讨了空间影像的观看之道。本节重点探讨空间影像的叙事之道,也就是空间影像的具体操作表达。其中既包含了空间影像表达所涉及的诸多工具技术和相关素材,也有影像逻辑及相关要素特性。所有这些,都应用于空间场景叙事中的操作交流界面、场景的建构、空间的嵌套,以及时间的回环这四个方面,并层层加以剖析。

9.2.1　联结设计者与体验者的操作交流界面

1) 平面交互/三维投影

空间影像的操作与表达,是在传统图纸系统基础上的拓展和升级,因此其初步的建模处理自然有着平面图纸媒介的简化投影特性。相比较于纸面尺规作图时的不可逆状态或繁琐的修改过程,电脑操作者在绘图建模的过程中,总

---

① 本节案例源于东南大学建筑学院"数字化技术与建筑"本科课程(主讲/指导教师:俞传飞)作业练习《探究魔方空间的现实建造》,01117101 黄玥;相关素材经过一定的调整处理,特此注明并致谢。

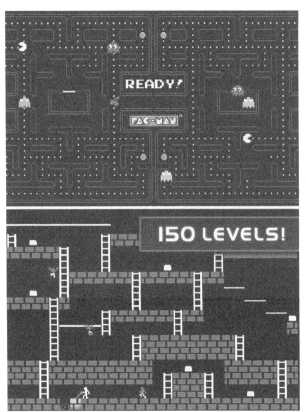

图 9-27　最早的交互游戏界面，正是建筑平剖面的简化示意

图 9-28　影片《钢铁侠》中的三维全息立体影像界面

是能够和自己的电子图模轻松"交流"——因为修改几乎是无成本的即时动作。如果说传统尺规制图属于静态的空间投影平面，且绘制过程一般为单向线性的添加，那么数字技术的电子屏幕或软件窗口，就是某种虚拟空间交互操作的原型界面。只是这种原型界面仍限于二维平面的交互，且已从早期科幻影片场景，普及到如今人们的诸多日常应用之中，也就是大屏幕可触摸交互操作界面。

数字虚拟的交互空间影像建构表达，也正是沿着技术发展从低到高，从简单到复杂，从抽象到具象的轨迹进化而来的。最早的交互游戏界面，几乎是专业平剖面的简化示意（图9-27），如当年的平面剖面迷宫游戏。新兴的三维建模和实时渲染技术的发展，才带来了如今早已普及的三维实时渲染交互引擎。[①]

而空间影像的主要对象毕竟是三维的，因此三维投影自然成为早期操作界面的主要设想形式。空间三维投影的构想，最早出现在包括《星球大战》（*Star Wars*）等科幻影片的空间场景，直至当代影片《钢铁侠》（*The Iron Man*）系列中的全息立体界面（图 9-28）。这类三维投影界面已经具备了空间特性，其投影影像也能让操作者在体验特定空间对象的同时，与其进行不同程度的交互操作。当然从技术角度而言，这些都还只是美好的愿景，仅能通过商业影片的特效处理加以前瞻式的展现，距离实际应用尚需时日。

2）交互内容对象与场景

另一方面，空间影像从电子显示屏幕向虚拟现实操作的技术拓展，是现阶段更具可行性的应用探索方向。电子屏幕上空间影像的虚拟交互需要克服的最大障碍之一，是空间场景尺度感和观察对象尺寸的真实比例之间的脱节。

数字三维扫描和 Zbrush 虚拟雕刻技术可

---

① 典型如 ID 公司的 2.5 维射击游戏 DOOM 和第一个真三维游戏场景 QUAKE。

以让人们在线上观赏过去必须去到博物馆现场才能看到的雕塑展品。意大利佛罗伦萨的乌菲兹美术馆，就曾和印第安纳大学的信息与计算学院在2016年合作过一系列馆藏雕塑经典藏品的三维数字化，并在线上网站供人浏览[①]（图9-29）。人们可以在此仅用鼠标的拖拽，360度自由旋转缩放雕像的数字模型，从任意角度近距离端详这座即使在博物馆现场也只可

图9-29　乌菲兹美术馆拉奥孔雕像的三维立体模型动态浏览界面

远观的大理石雕像。问题是，即便如此灵活的线上交互，仅仅通过现有的电脑屏幕和高分辨率图像，也很难让人们真切感受到这座历史经典的真实尺寸——高达两米的巨大体量，以及其真实的大理石质感在现场给人带来的重量和崇高。

通过特定头戴式或移动设备，让人身临其境的沉浸式虚拟现实（VR）技术，或借助移动设备的屏幕界面实现虚拟对象和现实环境动态拟合的增强现实（AR）技术，就有可能让这种空间体验的断裂感获得弥合。谷歌（Google）艺术与文化普及项目中的线上虚拟博物馆，就在2018年充分利用当时的最新VR/AR技术，把全球各地7个不同国家18家博物馆的荷兰著名画家维米尔的36幅绘画名作，集中在虚拟空间形成的展廊中，让观者通过手持屏幕，原地走动即可体验现场尺寸和纤毫毕现的原作信息[②]（图9-30）。有别于传统常规虚拟展览的是，借助增强现实技术和高清扫描设备，虚拟展厅的空间体验和观展操作（漫步于展厅，走近不同画作），都能通过AR技术所展现的物理空间关系和画作真实尺寸等细节信息，得以充分交互实现。

图9-30　谷歌虚拟博物馆的AR展厅空间交互

9.2.2　单一场景的建构与表达

1）拟真场景建模还原

相较于专业投影的简化与抽象，空间影像的最初突破，应算是拟真场景的建模还原。除了早期好莱坞影片中的三维特效场景，数字仿真空间场景几乎已成为通常的标准。空间影像的场景拟真，始终把

---

①　http://www.digitalsculpture.org/florence/main/model/8ec699919be24ea994adc5b6191936ef

②　豆瓣. 为什么说谷歌虚拟博物馆是一项创举[EB/OL]. (2018-12-06)[2022-04-20]. https://www.douban.com/note/699185991/.

以假乱真作为重要目标之一。以好莱坞电影为代表的电影场景特效制作,早已在全球范围逐渐普及。而其中空间场景的制作,也并非仅只有建筑学意义上的空间场所规划设计,更包含传统影视专业的舞台布景设计(set design)、游戏专业的场景关卡设计等,也包含手绘形式的原画场景氛围设计、类似建筑相关专业的场景平立面和细部图纸,乃至场景环境的结构布局等等。

图 9-31　影片《霸王别姬》场景氛围图

在电脑建模和数字影像处理普及之前,早已有电影美术工作者为诸多经典影片设计制作着兼具建筑技术要求和影视场景氛围的空间场景,并在相关影片中呈现为相应的空间影像(图 9-31)。而在数字技术普及并几乎成为空间影像制作的基本手段之后,无论是历史战争中远古的罗马斗兽场,还是科幻场景中未来的都市建筑,都已成为空间影像中司空见惯的标准操作。

2)主客体视点转换的空间体验

单一空间场景的建模和拟真,并非仅只是被动的客观对象。如前所述,在不同视点视角设定和框景路径的延展之下,类同的空间对象,也可能给观者带来迥异日常、截然不同的空间体验。换句话说,即便类同的场景建构,也能结合不同的影像要素,超越常规逻辑特征,以不同的操作方式创造表达出令人耳目一新的反转。

比如通常在动作场景中,爆炸事件常以稳定不变的视点代入观察主体,将空间场景的画面对象锁定在令人窒息的爆炸客体带来的声光震撼和烟云变幻中。如果让主客体视点反转,让观察者的视点随着爆炸物的瞬间迸射从四面八方反观空间现场,又当如何?影片《剑鱼行动》(*Sword Fish*)中的恐怖分子炸弹被引爆的经典场景,就是通过在事件现场摆设多部摄像机,改变通常的固定观察视点,将其变为环绕现场的快速摄影然后慢放移动视点,从另一种有别于常规静态的方式向人们展现爆炸场景的空间影像(图 9-32)。某种程度而言,这也算是对空间场景的非常规路径和超常规速度的运动观察体验,只是这种非常和超常都因有着特定的事件对象,而被赋予意料之外而又情理之中的逻辑关联。

图9-32 影片《剑鱼行动》视点转换空间场景截图

3）数据可视化的信息增强

单一空间场景的建构表达，随着数字技术的普及，尤其是数据可视化技术的应用，在单纯视觉意义上的空间环境之外，又拓展了新的信息维度。通过对信息图形（Infographic）的电脑特效处理，可以在特定空间场景中，以新的叙事维度增加让人一目了然的数据信息，诠释通常情况下需要通过现场语音或大量文本才能表达的内容，也就为空间场景带来了数据可视化的信息增强。

图9-33 影片《搏击俱乐部》空间信息可视化场景截图

影片《搏击俱乐部》（*Fight Club*）中，无聊中产用宜家图册上的家具填满自己的公寓房间；相应的空间影像，则以家具宣传图册类似的数据信息，动态呈现了这个过程（图9-33）。而影片《奇幻人生》（*Stranger than Fiction*）片头，则是通过空间影像中信息可视化的方式，表现主人公所处的城市、街区、建筑、住宅、房间，以及每天刻板规律的上下班路线，办公室空间里的人际交往等等诸多信息（图9-34）。除了片头无极缩放的从星球到主人公床头一气呵成无缝转换的空间尺度场景，接下来的一系列画面中，都以动态信息图形方式，补充了诸多看似繁冗琐碎无关紧要的数据细节。这些增强的信息数据，却很好地契合了不同空间场景中的主人公作为芸芸众生的一员，那每日重复的枯燥生活细节和状态。

图 9-34 影片《奇幻人生》空间信息可视化场景截图

9.2.3 时间的回环与叙事的解构

1）从传统叙事到散点碎片化并置

空间影像的传统叙事,大都是在三维透视场景中,以线性序列展现空间漫游。这一点和前述的传统线性文本结构,以及古典主义的线性空间序列基本一致。和建筑专业制图中的技术图纸和图版,常以共时性方式展现专业图纸内容不同,建筑项目或方案的文本或 PPT 演示介绍文件,也多以线性序列方式展现方案成果或空间对象的不同方面或生成过程。而同样作为图绘和文本叙事的结合体,传统连环漫画也多以静态空间图像和稳态叙事顺序作为主要叙事方式。有趣的是,越来越多的当代漫画中,构图画面渐渐变成了碎片化并置的蒙太奇叙事(图 9-35)。

图 9-35 传统漫画中的空间叙事和当代漫画中常见的蒙太奇拼贴

传统电影空间叙事,早已普及了蒙太奇手法带来的空间散点拼贴组接和并置。而数字技术支持下的数字空间影像解析表达则更上一层楼,在兼具传统手法和技术特性的基础上,发展了近乎全能的自由虚拟相机和非线性剪辑空间场景影像叙事。

较早打破传统叙事结构的影片如《低俗小说》(*Pulp Fiction*)就在几个不同的故事发生空间场景,组织起相互交织的片段结构,让不同故事碎片并置于观众观影过程。其后的影片《撞车》(*Crush*)则更是把诸多人物和事件呈碎片化并置,随着不同事件的行动轨迹,让人物在特定时间线交汇,相互影响彼此的心理和未来。这种碎片化并置的叙事结构,还被建筑和规划的方案设计借鉴到空间的组织结构之中,以此承载场地环境中不同功能空间单元及其中行为之间的邂逅交错。

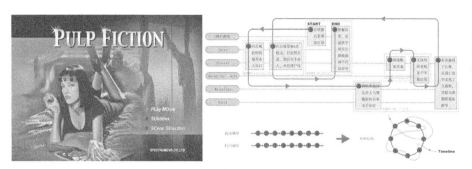

图 9-36 影片《低俗小说》海报与影片《撞车》中的碎片化并置空间叙事结构图析

2) 时间循环、时间旅行、空间重置与变幻

在以蒙太奇剪辑拼贴的空间叙事之中,时间维度的处理本已跳脱出线性序列,而具有了平行、并置、闪回等多种新的可能性。但与此相反的另一个极端,却是时间的静止停滞所带来的空间重置——时间不断重复,空间也随之不断重置,其中的人和事却因此而获得不同的选择,甚至崭新的意义。

获得 1994 年英国电影学会奖最佳原创编剧的影片《土拨鼠日》(*Groundhog Day*,1993),描述的就是一个不思进取的气象播报员,被时间困在同一个节日(土拨鼠日),每天早晨醒来发现置身于同一时间同一地点,也就在同一空间重复着日复一日的枯燥生活。这像极了某种显而易见的隐喻——不思进取的人不过是在重复自己的过去,只有革新图变,生活才会继续。不断重复的空间场景和其中的人与事,正是这个隐喻的影像化写照。

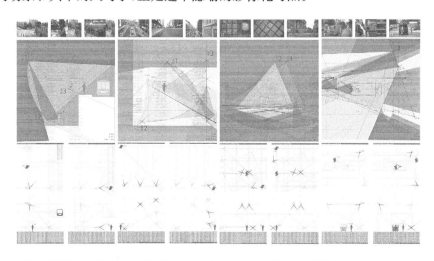

图 9-37 影片《罗拉快跑》中的不同空间路径图析

另一部影片《罗拉快跑》(*Run Lola Run*)的设定,则是让主人公为了改变事件结果而不断重回事件开端开始其奔跑,类似电子游戏中的重载进度

(reload)。不断重现的事件流程,就是循环的时间;而事件发生的空间场所和其中的路线略有不同,是柏林的街巷建筑间的不同路径。专业设计者专门对此进行了图解,分析表达了这段空间影像中人物奔跑的活动轨迹,以及沿途经过的不同街道和建筑[1](图9-37)。

相比于上述时间循环和空间的重置,更为单纯意义上的时间旅行,自然更能让人们表达出多种空间变幻的内容,其中最重要的特质,就是不同时间点上的同一个空间场景变幻。20个世纪80年代的影片《回到未来》(*Back to the Future*)三部曲,可算把从过去、现在到未来的反复穿越,成为时间旅行题材的经典。而2020年的影片《信条》(*Tenet*),则把时间旅行穿越和无限循环,及其相关的空间变幻,演绎成为双线并列循环叙事的典例(图9-38)。

图9-38 电影《信条》的双线并列循环叙事结构图解示意

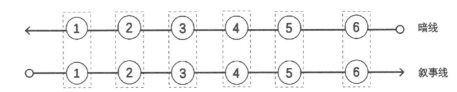

9.3 数字影像逻辑下的空间感知与空间叙事

空间的数字影像表达,一方面遵循着新兴的数字影像的动态交互逻辑;另一方面,数字影像逻辑及其影响下的空间表达,反过来也已影响着空间的感知和叙事。具体而言,它们拓展着空间感知的方式和空间感知对象,也改变着空间中的主体运动方式以及空间组织结构。

这一部分对应上一章空间影像叙事方式的探讨,落实到空间本身的组织结构作为空间叙事的应用,以及空间感知的主客体双方。[2] 从数字影像叙事方式和情景建构,到数字影像逻辑下的空间感知和空间叙事,我们的讨论从空间影像逐步回归空间本身的变化。

9.3.1 空间感知方式的映射拓展

空间感知包含着空间信息传达的主客体,本节讨论感知者在数字影像逻辑下空间感知方式的变化与革新,以及空间感知对象的概念拓展——空间视听情境的构建要素。

数字影像逻辑下空间感知方式的拓展,某种意义而言,其实也可算是数字影像体验方式在空间感知中的投射,它能够帮助空间感知的主体构建更为动

---

① http://www.intjournal.com/thinkpieces/project-run-lola-run-1998
② 这部分研究的思路和素材,最初来源于笔者在指导研究生论文时的相关讨论,有兴趣的读者也可参见:王沁飚. 数字影像逻辑的建筑时间维度研究初探[D]. 南京:东南大学,2021.

态全方位的时空感知方式。换句话说,感知者能够通过动态的可视化系统,和跨越时空的交互参与,形成直接生动的多层次空间感知体验。

1)可视的动态系统

建筑及其空间通常被视为静态的场所对象,变化的似乎只是环绕四周的环境效能(光照、温湿度等),或建筑内外的人群活动状态。但就空间感知而言,除了可见的视觉效果,正是这些相关的因素变量,构成现实真切的现场体验;而传统的感性认知方式,无法精准传达空间视效之外的相关变量状态。数字技术支持下的影像解析可以通过变量要素的逻辑关联,将量化的数据以实时方式加以可视化呈现,让感知者随时看到空间场所和环境效能的量化状态,甚至其变化趋势,进而为建筑空间的感知和调控提供条件。

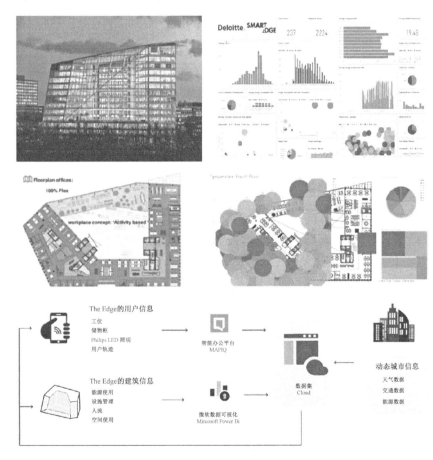

图 9-39 The Edge 大楼的实时动态可视化系统图示

德勤阿姆斯特丹总部大楼 The Edge(PLP 建筑事务所设计)就是通过遍布建筑的 2.8 万个传感器实时监测不同空间的人车流活动、光线和温湿度状态,并将相关数据通过智能互联技术平台整合生成实时动态的可视化图形,将其呈现在小到手机 App 界面大到建筑控制系统的不同数字影像之中①(图 9-39)。大

---

① http://www.plparchitecture.com/the-edge.html

楼的使用者在建筑内外的不同空间,都可以通过现场体验和实时数据影像,随时感知空间环境的状态,判断和计划各自行动。

2) 虚实结合的交互参与

数字影像的空间表达,让空间的设计者在设计过程就可以与其设计对象进行实时交互,感知设计阶段性成果,操作和调节空间;与此同时,不同交互技术的数字影像,也让空间的感知体验成为不同交互参与方式的双向互动。

基于增强现实(AR)技术的空间数字影像,可让现实空间通过数字影像获得异时异地的超时空联通感知。"联结城市的网络"(Connecting Cities Network,2019)[1]利用隐藏在建筑立面中的数字影像互动装置,通过等比实时街景的影像投射,让法国图卢兹和加拿大蒙特尔两个不同城市街道上的行人,感知彼此城市空间并实现实时交流体验(图 9-40)。而魁北克拉瓦尔市采石场公园概念方案,则借助麻省理工学院可感知城市实验室(SCL)的数字影像增强现实技术,在公园的不同设施中布置数字影像设备,结合移动设备应用,形成不同游客之间基于现实空间场地记忆和影像记录的时空交错感知体验。[2]

图 9-40 "联结城市的网络"影像互动装置及其感知分析

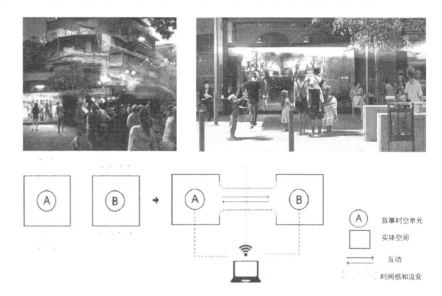

基于虚拟现实(VR)的沉浸式交互技术,更是日渐普及的虚拟空间体验方式。"存档梦境"(Archive Dreaming)项目[3]利用机器学习将档案馆信息资料数字化之后,将数据和光影作为虚拟空间构成的要素,改变传统浏览阅读空间体验,将抽象的数据信息结构单元组织在具象的圆形空间内层,为信息的阅读者创造环绕式沉浸浏览空间体验(图 9-41)。

① http://connectingcities.net/about-connecting-cities

② https://mp.weixin.qq.com/s/_gLBwbbwCRMGWO_gncfSQQ

③ https://refikanadol.com/works/infinite-space/

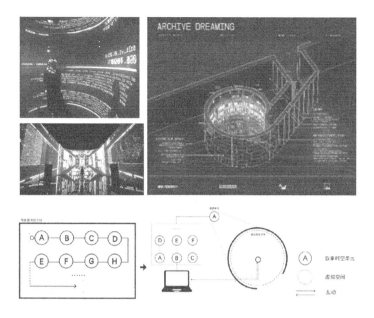

图9-41 Archive Drea-ming的沉浸式虚拟阅览空间及其感知分析

9.3.2 空间感知对象的概念拓展

空间感知对象常指建筑空间中的视听情境构成要素。常规要素包括实体层面的体量形态、界面材质等和空间层面的功用、局部关系等。而数字影像逻辑下的视听构成要素,则要比常规概念丰富得多;几乎常规要素的各方面都在数字影像维度有所拓展。

1) 空间界面的模糊和虚拟空间的拓展

传统空间界面,可以在数字影像技术的应用下,通过特定透视效果和环境要素的结合,延伸现实空间的边界。或者数字影像生成的虚拟空间,在被纳入空间构成要素的范畴之后,能够实现时空单元的自由压缩和扩展,进而在有限的现实时空下,创造出近乎无限延伸和多种变化的时空感知体验。敦煌研究院在"神秘敦煌"展览中,就利用 AR 技术设计的"科技圆穹",将飞天壁画和卧佛等以数字影像方式投射到1:1还原的穹顶展厅顶面和侧墙,将虚拟空间与现实展示空间融合,以此拓展空间感知对象(图9-42)。

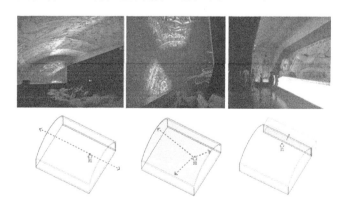

图9-42 "神秘敦煌"展览空间的增强现实虚拟空间图析

伦敦大学学院(UCL)巴特莱特建筑学院的一系列设计课题,就专门利用 VR 等相关技术,创造了沉浸式剧院的叙事空间。其中既有"幻园"这样以苏州园林和昆曲为展示对象进行演绎,提炼园林空间的特征要素和布局特点,结合特定流线视点透视变化,设计出不同场景投影片段的动态拓展空间要素(图 9-43);也有 Making the London Notel[①] 设计课题这样将建筑作为物理感知的引导,将电影场景的影像切片作为空间要素,根据叙事流线和场景生成空间单元。TeamLab 团队在上海展馆的"无界"(Borderless)大型互动装置无边界艺术展览,则是利用数字影像技术,让艺术作品跳脱出展厅空间的限制,打破不同艺术作品之间的边界,消解墙体、地面、天花等空间界限,代之以风、水、花等影像要素,形成空间感知对象的拓展。

图 9-43 UCL 设计课题 "幻园"的虚拟空间拓展时空感知图析

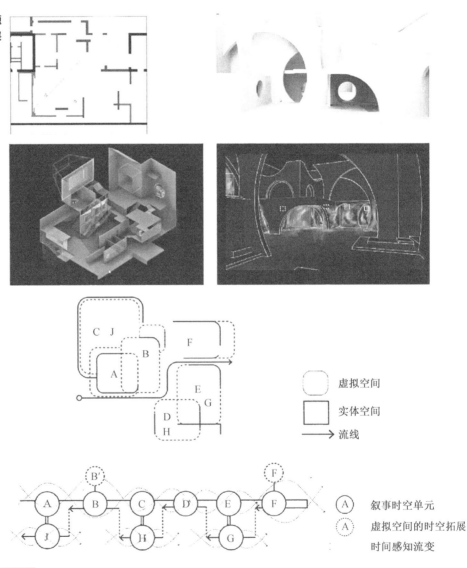

---

① https://www.youtube.com/user/Jaggsper/about

2）空间要素的影像解构和重组

数字影像技术能够将既有的影像要素解构为虚拟的空间要素单元,赋予其新的影像逻辑,重新组合拼接以表达新的含义。建筑形态构成要素,是表达空间内涵最直观的要素之一。在数字影像逻辑下,除了突破传统笛卡儿坐标与欧几里得几何学形成的规则完形,形成丰富多变的自由形态之外,设计者甚至能把动态变化的历时性要素进行提炼重组,让其共时出现在同一建筑空间中,构成时空叠加的空间奇观。

刘鑫及其合作者在南加州建筑学院(SCI-Arc)的设计作品"增强聚合图书馆"(Augmented Library Aggregation,2019)[①],就是将建筑作为数字动态影像中的增强交流媒介,突破现实与虚拟空间的二元分化,通过三个增强现实的不同层面:有形界面的固定结构层、其外的面目模糊的空间要素聚合物叠加、其内的各空间单元虚拟全息影像动态展现,三层不同空间要素构成整体的动态交互形态(图9-44)。该作品成果在C4D软件中建模渲染,并获得当年的CG Architect国际建筑大赛三维组提名奖。

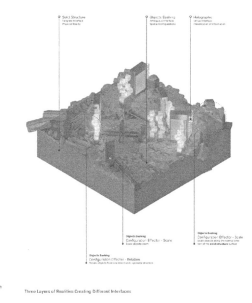

图9-44　"增强聚合图书馆"空间要素形态

当然除了空间界面的模糊和虚拟空间的拓展、空间要素的影像解构与重组,数字影像的空间要素还可以直接运用参数化建模和计算机图像技术,对历史或现实场景对象,甚至文化符号进行超现实的还原拟像,展现对拟像对象的抽象提炼或象征隐喻。例如西班牙托里科广场(Plaza del Torico)[②]地面以数字LED灯带展现历史街区地段地表雨水径流方向和动态走势,同时重现地下水网遗迹特征和价值,通过数控灯光影像系统,将自然动态元素和历史古迹还原

①　http://liuxin.com/augmented-library-aggregation

②　https://www.archdaily.com/43040/plaza-del-torico-b720

结合。而 MVRDV 设计的 WERK12 立面①,则是在慕尼黑工业区城市更新核心地段的简洁建筑体量表面,以巨大的 LED 发光字母向当地标牌和涂鸦文化致敬,利用数控彩色放光字母影像,表现当地波普文化的集体记忆(图 9-45)。

图 9-45 自然要素与历史遗迹的拟像/波普文化符号的拟像

9.3.3 空间叙事中的动态映射关系

结合德勒兹的运动—影像理论,运动因其天然的时间性,在影像逻辑和建筑体验中具有某种显而易见的同质性。因此在空间的组织叙事中,空间感知主体的运动方式,常是空间叙事的主要线索,对空间组织的叙事结构有着直接的影响甚至决定作用。因此在讨论空间组织的叙事结构因数字影像逻辑而发生的转变之前,参照第 8 章数字影像逻辑中的路径与运动变化,可以先对数字信息和影像技术影响下的现实空间感知主体的运动方式稍加论述。

1)空间的"游牧式"漫游和超链接检索

区别于传统空间序列的顺序式漫游体验,所谓"游牧式"漫游特指空间感知的主体——建筑的使用者或游客在建筑中的运动方式不再是序列空间路线的预设,而是充满偶然性的随机漫游。设计者或空间管理者的预设不再是空间体验和运动方式的主导,而代之以感知者主导的随机路线,空间节奏和布局自然也就充满看似随意的去中心化非序列化设置。

这种空间运动方式,颇为类似于数字影像支持下的信息浏览方式和传统文本浏览方式的变化——传统线性浏览被充满超链接的检索式浏览方式所取

---

① https://www.archdaily.com/926797/werk12-mvrdv

代,信息不再是单向的输出和自上而下的被动接受,而是代之以阅览者的自主探索。故事的叙事节奏,甚至叙事走向,也在感知阅览者的主动参与下,具有了丰富的不定性和多义性。

超链接是将不同数据信息链接跳转的技术,是数字网络和影像信息的基本特征之一。特征外化与空间单元之间的联系方式时,超链接检索带来的"游牧式"漫游,也就成为数字影像逻辑影响下空间叙事结构中的主要运动模式。

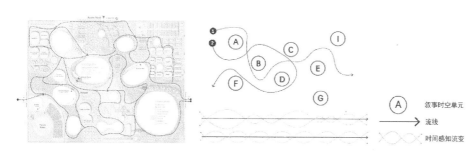

图 9-46　"游牧式"漫游空间/劳力士学习中心空间组织结构图析

从伊东丰雄设计的仙台媒体中心,到妹岛和世设计的劳力士学习中心,其建筑空间的组织结构,都不同程度地具备上述特征,因而也就让漫游其中的使用人群,具备了"游牧式"漫游的运动方式(图 9-46)。去中心化的空间布局和开放式空间流线,都是游牧式空间的典型特征。它们激发漫游叙事的偶然性和自主性,让其中的空间感知主体运动充满不可预期的超链接组织结构。

2)变速体验和空间感知中的运动状态

数字信息和影像的体验浏览还有一个区别于传统浏览方式的特点——速度的可变性。数字影像能通过变速播放操作,轻易改变"运动—影像"的叙事节奏甚至结构逻辑。建筑作为"凝固的音乐",在数字影像逻辑的影响下,其时间性运动方式的感知体验,也能被运用到空间组织和状态的设置之中。

现代交通工具和移动设施的飞速发展,从飞机、高铁、高速公路到电梯、自动扶梯,让人们在空中/大地、自然/城市乃至建筑内外的移动速度大幅提升、移动方式极大丰富,也让时空体验和空间感知的运动状态不断拓展,建筑空间自然也就发生着相应的变化。

早在 20 世纪后期,彼得·库克(Peter Cook)设计的奥地利格拉茨现代美术馆,就率先在这个欧洲小镇的柔性形态外立面使用了数控灯管单元阵列,形成动态的影像表皮;21 世纪初雅克·赫尔佐格(Jacques Herzog)和皮埃尔·德梅隆(Pierre de Meuron)设计的德国安联体育场,则在其膜结构立面以 LED 动态光照表皮和每秒 40 帧的刷新率实现更为精细顺滑的动态数控影像效果,明暗交替、色彩变幻(图 9-47)。这两个真实的建筑案例都以其巨大的体量和动态的数字影像表皮,应对周边城市环境不同运动状态的形象呈现。这种空间形态的动态呈现,和罗伯特·文丘里(Robert Venturi)在其经典著作《建筑的复杂性与矛盾性》中提及的拉斯维加斯高速公路旁建筑高耸的广告牌，对高速行驶的车辆中人们的空间印象，有着异曲同工的逻辑对比。

图 9-47　应对高速运动方式的动态数字影像建筑表皮/格拉茨现代美术馆和安联体育场时空组织图析

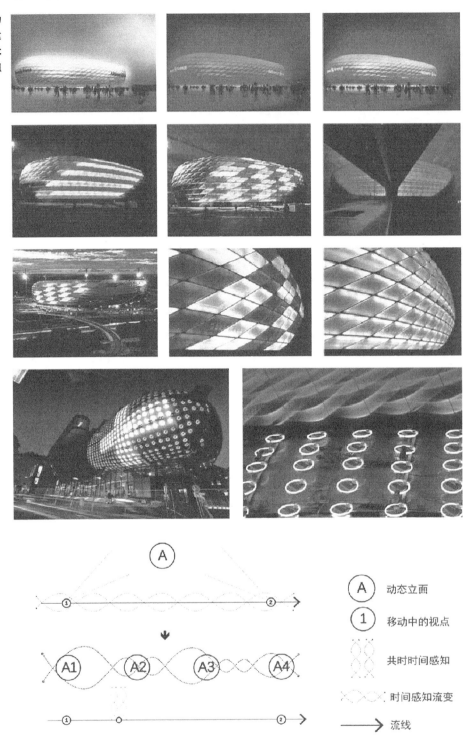

10　空间设计与影像表达例析

结合上述各章对建筑空间数字影像解析表达的概念界定及技术和素材的应用,数字空间影像的逻辑与特性,以及空间影像的体验与表达等各方面的系统研究探讨,本章将结合一系列近十年来的相关设计研究课题,进行更为具体的设计应用研究案例介绍分析和讨论。其中包含针对城市和校园媒介信息传播问题进行反思和前瞻性预测的概念性媒体建筑设计方案,及其影像的解析与表达呈现;结合环境发展问题,运用不同的实时交互引擎进行未来建筑的设计建模及实时影像互动;以及运用实时交互模拟城市平台,对城市设计相关课题进行实时数据可视化评价与优化反馈操作等。①

　　好看的科幻小说应该把最空灵最疯狂的想象写得像新闻报道一般真实。——刘慈欣

10.1　校园媒体建筑概念设计课题②

在东南大学建筑学专业本科四年级建筑设计课程中,作为学科交叉方向课题,"数字影像建筑"设计尝试通过比较当代媒介在信息传达、叙事方式、空间表现等方面的区别与联系,结合当代数字影像媒介(电影、视频、游戏等)的特性,从信息媒介、设计媒介和建筑的媒介属性等不同层面,展开相关数字技术和建筑设计的关联性学习研究,通过训练不同数字影像媒介和设计素材之间的命题互动和操作转换,借助实验性概念建筑的形式,提升设计研究与构思表现的综合能力,把握前沿性相关专业概念,并以此加深对于传统建筑命题的理解。该课题也是"媒介的转换——数字媒介与建筑设计"的系列课题③之一。

10.1.1　校园媒体建筑课题简介

课题学习研究的内容包括:当代媒介与建筑空间的关联,当代建筑的影像逻辑,影像媒介的主要处理手法,影像空间的建构、体验和表达,概念设计与建模的学习和应用,以及非线性影像编辑和后期处理工具的学习和应用(图10-1)。

---

　　①　接下来的一系列设计研究课题与方案介绍,也是笔者相关专题论文资料的汇编,各部分论文资料来源均已分别注明,供感兴趣的读者拓展阅读。

　　②　俞传飞. 媒介的转换:"数字影像建筑"设计课题解读[C]//2012年全国建筑院系建筑数字技术教学研讨会论文集,2012.

　　③　该系列还包括"基于互动游戏引擎的虚拟建筑"(在建筑设计的不同阶段将"Minecraft""CryEngine"等实时互动引擎用于环境模拟和辅助设计)等课题。

图 10-1 影像建筑课题结构框图

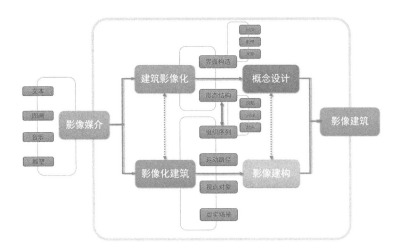

本次课题设计要求对特定基地对象(校园/城市)中的信息发布、处理和交流状况和相关场所进行调查研究,策划设计具有交流功能、展览功能和服务中心功能的临时性或永久性装置、设施或建筑的概念型解决方案——校园超媒体中心,学习应用数字影像媒介,进行方案的设计发展和综合表达。本课题结合"校园超媒体中心"的概念方案设计,通过教学和应用相关计算机/实体建模、摄制、非线性数字影像编辑等方法和手段,从数字影像媒介的角度,练习和体会当代空间环境在影像媒介中呈现的新的设计生成程序和叙事表现逻辑。

1) 调研与选址

设计研究往往从环境场地的调研和设计问题的发掘开始。本课题的场地选址范围设定为东南大学四牌楼本部校区(图 10-2),位于南京市城区,建筑现状丰富,环境特点复杂。学生需要针对信息的发布、处理和交流状况,对校园场地环境的具体现状特点进行开放式的现场调研和资料发掘,并对其中存在的矛盾和问题进行梳理和思考,继而选定媒体中心概念设计的地址。现场调研活动及其成果的表达,都要求通过影像短片加以拍摄记录和剪辑呈现;而案例调研,则要求学生对建筑相关的影像短片进行逆向解析,通过故事板等方式,提炼解读其中的空间影像对象及其表现方式。这一环节同时也是对影像媒介操作的预演和学习。

图 10-2 东南大学四牌楼校区卫星地图平面和模型鸟瞰

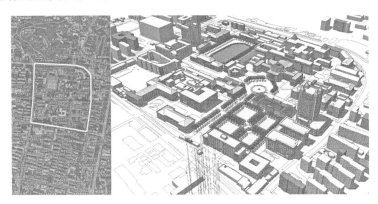

2) 影像与建筑

课题通过一系列相关知识讲座和案例解析,探讨数字媒介,尤其是数字影像媒介,对信息展陈、交流方式和内容的拓展和变化,及其与建筑的相互影响,帮助学生了解当代数字媒介与建筑空间的关联,理解当代建筑的影像逻辑,学习影响媒介的主要特点和处理手法,进而初步掌握影像空间的建构、体验和表达。影像空间的案例解析,既包括大量以动态影像表达空间对象的短片——建筑的影像,也包括实体建筑中影像表皮和相关光电材料的应用解读——影像化建筑。而具体建模渲染软件和影像非线性影像剪辑工具的学习应用,则让学生结合调研短片的制作等环节学习掌握。

3) 策划与设计

在现场调研和理论知识和专业技能学习演练的基础上,学生针对具体问题和选址,从历史、文化和社会等角度进行概念策划和方案的初步设计。东南大学四牌楼校区包含民国时期中央大学旧址,占地约 41.13 公顷,经过历代的不断建设充实,现在已经拥有从 20 世纪以来各个时期不同风格的教学和相关建筑,承载着丰富的历史、文化和社会信息。校园超媒体中心的概念策划与设计,既可以是对校园日常信息交流展示服务功能的解决方案,也可以是对校园历史文化信息承载的创造性呈现方式。

10.1.2 激活——动态交互式校园信息系统[①]

该设计用一套超前的动态影像装置,构建出信息爆炸时代,校园环境中概念化的交互动态信息装置。针对校园信息展示模式的散点、平面、静态模式,该设计试图以一套完整、立体、动态的信息传递方式,展现更为便捷生动的校园影像信息,在校园内置入一种全新的信息体验系统。

1) 校园信息系统的现状分析

设计方案对校园信息系统的现状问题进行调研,将校园环境中的典型信息展示方式归纳为横幅、指示牌和海报三类。针对校园师生等不同人群对信息展示和交流的需求,提炼现有展示交流方式的优缺点,包括信息展示的地点、指示方式、展示内容等等(图 10-3)。

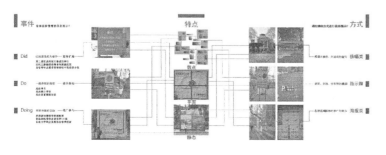

图 10-3 校园信息系统现状的分析

---

① 该设计由陆明玉、王驰两位同学合作完成,相关图片均出自她们的作业成果,指导教师:俞传飞。

2）校园信息系统的转换与架构

针对现有校园信息展示交流方式现状的散点、平面、静态特点，方案提出系统、立体、动态的信息展示交流系统，并利用实体模型展示系统概念（图 10-4）。

图 10-4　校园信息系统的实体概念模型

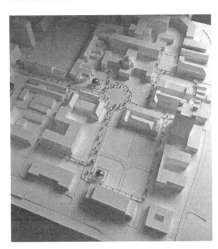

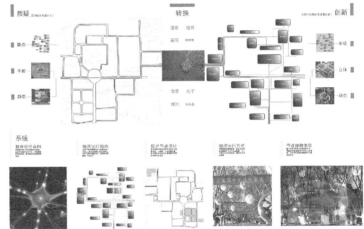

图 10-5　校园信息系统的转换和架构

借鉴电子电路信息传输特点和细胞运行路线方式，通过信息节点的选址和联通，把道路转换为信息通路、建筑和空间转换为信息的节点接收器、信息转换为运行的粒子，进而把校园道路、建筑和户外空间的整体环境模拟架构为新型信息传输和交流体系（图 10-5）。

3）校园信息系统的影像操作与表达

在前述架构基础上，有别于传统建筑设计的技术图纸和效果展现，本设计的目标正是通过影像的操作和叙事性表达，实现概念方案的深化和影像建筑的建构。而故事板是影像操作的典型方法和深化手段，包括概念的解析呈现、系统的转换架构，乃至信息系统各组成部分是如何发挥作用的，都通过相关故事板进行推敲和操作（图 10-6）。

图 10-6　校园信息系统—影像建筑故事板

最终生成的影像短片，则是影像建筑课题中最重要的环节。它在本设计中的作用，类似于传统意义上对设计方案的现场建造，影像建筑的设计的实施，则指向这一段仅存在于影像短片之中的概念化校园信息系统，以及这套系统所承载的校园信息影像的运行状态（图 10-7）。

图 10-7 校园信息系统——影像建筑截图

10.1.3 再生——校园消极空间的改造和再生[①]

该设计针对校园建筑内外的消极空间进行现场调研,通过建筑立面和庭院空间的改造利用,激活被废弃的空间,创造积极的活动场地,同时承载信息发布和展览功能,借此构建一套信息交流与发布、建筑可持续利用的建筑装置体系。

1) 校园消极空间的现状调研

设计方案首先对校园环境里的消极空间现状问题进行调研,主要针对无人停留的通过性道路、少人留意的山墙立面、被动旁观的庭院空间等进行现场观测和统计计量,记录各空间的高宽比、界面材质等现状信息(图 10-8)。

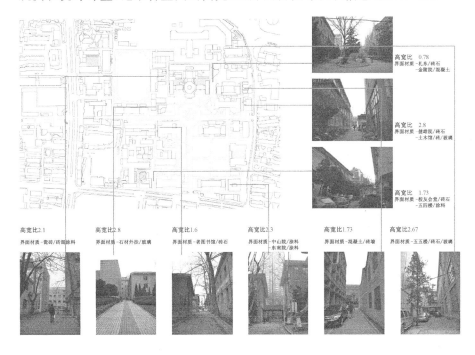

图 10-8 校园消极空间现状调研

2) 校园消极空间改造策略

然后针对以上校园消极空间的问题现状,试图将其改造为更为积极的校

---

① 该设计由隗抒悦、张莹两位同学合作完成,相关图片均出自她们的作业成果,指导教师:俞传飞。

园信息展示界面、校园人群交换信息的活动场所等,以此提升校园空间环境质量。提出的改造策略,则包括结合封闭性空间、停留性空间、通过性空间和开放性空间的各自特点,对相关立面、场地地形等进行物理构造和电子信息构件的升级(图 10-9)。

图 10-9 校园消极空间改造策略

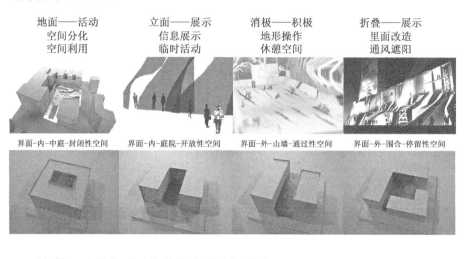

地面——活动
空间分化
空间利用

立面——展示
信息展示
临时活动

消极——积极
地形操作
休憩空间

折叠——展示
里面改造
通风遮阳

界面-内-中庭-封闭性空间　界面-内-庭院-开放性空间　界面-外-山墙-通过性空间　界面-外-围合-停留性空间

3)校园消极空间重生的影像操作与表达

在以上现状调研和改造策略的基础上,影像建筑设计方案的重点,则放在了环境因素的提取展示、改造策略的具体应用,以及改造效果的动态展示这三个层面。当然所有这些,都是通过一段影像短片的操作和表达,加以深化和"实施"的(图 10-10)。

图 10-10 校园消极空间的重生——影像建筑截图

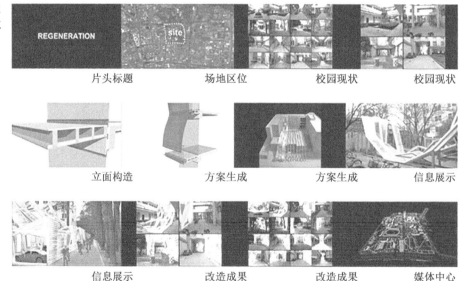

片头标题　　　　　场地区位　　　　　校园现状　　　　　校园现状

立面构造　　　　　方案生成　　　　　方案生成　　　　　信息展示

信息展示　　　　　改造成果　　　　　改造成果　　　　　媒体中心

正是基于以上教学研究要点和相关计划要求,学生们在"数字影像建筑"课题中利用数字影像工具,推演设计概念,表达设计方案,进而建构一个影像建筑。其具体操作要点可以概括如下:

图解/概念：利用数字信息图解进行建筑概念的解析和表达。

材质/构造：用投影/贴图进行建筑材料和表皮的推敲。

光影/时间：用模型实拍或渲染展现光影效果和时间氛围。

流线/活动：用动态数字图解研究多种功能场所的活动和关系。

视线/场景：通过典型场景的选择和塑造，表达和研究视线效果。

模型/细部：制作和建立实体模型/电脑模型，并据此进行方案细部的深化和控制。

影像/叙事：预设场所的活动和事件，用多媒体影像剪辑进行场所事件的讲述和叙事表达。

理论探讨层面的反思。数字影像媒介对建筑设计过程和方法的影响，远非只是在其作为设计表达的工具层面。正是基于数字影像与实体建筑之间表现与承载关系的微妙变化，过去作为实体建筑表征的方案，也有可能通过图解和数字影像这样的媒介，获得其有别于实体建筑的存在。在这里，影像短片中的建筑空间的设计和建立，不再只是方案表现的成果，而是其自身——作为影像独立存在于虚拟世界的"建筑"。很难说这种独立的存在，会对实体建筑的存在产生怎样的影响，但它至少为我们的专业设计对象和方法提供了新的维度和可能。

设计教学层面的反思。一方面，媒介的转换，在为学生提供新视野的同时，也对设计教师产生了不同的要求和影响，他们需要展开针对新兴工具和相关理论背景、技术知识的学习研究和教授；另一方面，不难发现，本课题概念方案的设计进度，基本控制在设计周期的前半段 1—4 周，而后半段 5—8 周则重在影像短片和相关内容和设计推敲和表达。与传统设计课题中方案设计作为最终成果不同，数字影像建筑课题中影像表达本身也是作为设计阶段的重要步骤和内容之一。方案初步确定之后，影像建筑短片的脚本和故事板，也是需要结合方案进行构思、推敲和不断修订的。影像，而不只是建筑，也是方案设计的一部分。

10.2 未来庇护所概念设计课题[①]

"媒介的转换"系列设计课题，作为东南大学建筑学专业本科四年级建筑设计课程中数字媒介与建筑设计的学科交叉系列课题之一，旨在通过学习研究当代媒介（尤其是数字信息媒介）在信息传达、叙事方式、空间表现等方面的不同特性，从信息媒介、设计媒介和建筑的媒介属性等不同层面，借

---

① 俞传飞. 媒介的转换：基于互动游戏引擎的虚拟建筑设计课题解析[C]//2013 年全国建筑院系建筑数字技术教学研讨会论文集，2013.

助实验性概念建筑的形式，训练从传统媒介素材到数字信息媒介之间的操作转换，提升设计研究与构思表现的综合能力，了解和把握数字化建筑设计的相关知识。该系列课题包含"影像建筑""互动虚拟建筑""参数化生成建筑"等专题。

该系列课题中"基于互动游戏引擎的虚拟建筑设计"课题（简称"互动虚拟建筑"），则旨在通过具体和富有代表性的互动游戏平台（如 Minecraft™）、建模渲染引擎（如 CryEngine™）等数字技术手段的体验、学习和应用，结合相关虚拟建筑方案设计，从数字互动媒体的角度，练习和体会当代空间环境在数字虚拟世界中呈现的新的设计，发展、建造生成程序和叙事表现逻辑。

课题学习研究的内容包括：当代媒介与建筑空间的关联（文本、图画、影像、游戏），当代建筑的影像逻辑和媒体互动，Minecraft 互动游戏平台下的空间体验和建构，CryEngine/Lumion 建模渲染引擎的学习和应用，基于以上游戏引擎的概念设计与方案生成等（图 10-11）。

图 10-11　互动虚拟建筑课题结构框图

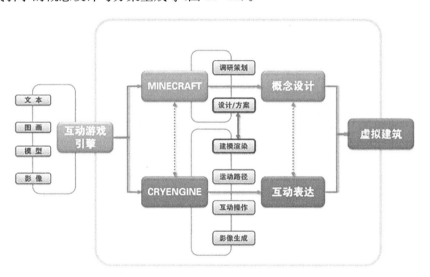

课题设计要求在互动游戏平台随机生成的计算机虚拟环境中，选取特定范围的基地进行调研，根据课题设定和场地特点，策划设定虚拟建筑的规模和功能，并在互动游戏平台和渲染引擎中设计发展、建造实现该虚拟建筑。

10.2.1　实时交互引擎的研究与学习

当前建筑设计通常采用的计算机辅助绘图、建模和渲染表达工具，往往是与传统意义上的纸笔工具相配合，通过先后操作，实现设计概念的构思、表达，尤其是在空间效果的模拟和体验方面，往往需要相对繁琐的过程和环节才能实现。而基于实时互动操作的实时渲染引擎，则有可能尝试让建筑师在方案生成、完善乃至建造施工的不同阶段，都能在计算机虚拟场地中，随时"建造"设计对象，进行实时、动态的，相对全方位的互动体验，并以此作为设计推敲和修改的依据。

本课题选用的两个互动游戏平台和引擎分别是 Minecraft™ 和 CryEngine™。

前者是一款基于 JAVA 语言的风靡世界的沙盒建造类独立游戏①，游戏程序本体只有数十兆大小，但其中由程序演算生成的地形以及丰富的虚拟环境，其大小理论上可无限扩展，而仅受限于计算机的存储容量和运算能力。操作者可在其中以第一人称的方式，用材质特性各异的单元方块②，构筑自己的方块建筑世界（图 10-12）。

图 10-12　Minecraft 主要界面截图

后者是由 Crytek 开发的次世代游戏引擎，可对导入其中的模型进行实时高精度渲染，提供照片质量级别的多媒体虚拟环境。该引擎不仅被用作游戏开发，还被大量有偿授权给不同的企业和个人，用于设计、教育、医疗、建筑等不同领域的视觉成像、交互模拟等。高等教育机构可以通过相关手续获取免费授权应用（图 10-13）。

图 10-13　CryEngine 主要界面

①　Minecraft 最初由瑞典人 Markus Alexej Persson 独立制作，后成立 Mojang 公司来开发此游戏。
②　游戏虚拟环境中基本单元方块的大小，约等于一米见方的立方体；这也是为了最大限度减小操作的复杂程度和计算机的运算量而做出的限制设定。

在本课题设计的教研学习中,学生在熟悉相关操作之后,主要在 Minecraft 生成的虚拟地形中选择适宜的基地,进行现场环境的虚拟体验,并尝试建立初步的建筑雏形;而将 CryEngine 主要用于虚拟建筑的仿真模拟渲染,实时体验操作,以及漫游动画片段的导出。

这类有别于传统纸笔,甚至有别于传统计算机建模渲染工具的媒介平台,可以让学生们在设计操作的过程中,加入传统媒介难于提供的时间、光影、重力、运动等因素,通过直观体验和互动操作,体会和学习建筑、环境与人的实时互动。

10.2.2 建筑的策划设计与互动操作

在虚拟环境现场调研和互动媒介相关背景知识的学习及游戏引擎操作演练的基础上,学生针对具体问题和选址,从历史、文化和社会等角度进行概念策划和方案的初步设计,根据设计具体情况在虚拟环境中体会研究不同材质、光影效果和气候变迁带来的不同场所体验,并将之与游戏引擎提供的第一人称视角和游戏角色互动相结合,研究设计对象中的具体活动和场景氛围。

具体的设计和互动操作,可以概括为以下四个不同层面:

环境/功能:调研随机生成环境具体现状特点及其存在的矛盾和问题。

形式/内容:从历史、文化和社会等角度探讨虚拟建筑的形式和功能。

技术/细节:学习研究不同材料构造在概念方案中的具体选择和应用。

互动/表达:结合概念方案和游戏引擎,研究虚拟建筑中的活动和场景。

· **游戏平台 Minecraft 的虚拟体验和初步模型的建立**

Minecraft 游戏平台能够为虚拟建筑提供富有典型性的虚拟环境。除了系统随机生成的平原、丘陵、山地、沙漠、湖泊海岸等地形地貌之外,游戏环境的天气系统还能结合不同地形,产生与之相适应的阴晴雨雪等气候因素和日照环境;实现昼夜更替、日出日落,甚至四时更替的场景。其中的材质无须传统渲染工具的贴图操作,而是在"建造"过程中自然选用不同材料的方块即可。材料能体现一定的物理性能,如沙、水、岩浆等富有流动性,且会受重力影响自然跌落;而砖、石、木等除能自由堆叠砌筑外,还可以架空悬挑。人们在其中的体验方式,也可根据不同的模式,而有不同的活动方式。具体属性如下:

环境特征:天气、光线(天然、人工)、地形(平原、丘陵、沙漠、湖海)……

材料类别:木、石、土、沙、水、岩浆……

物理属性:重力、光照(日光、火炬、岩浆)、电路、活塞……

运动方式:步行、船、铁轨、飞行、穿越……

尺寸模数:$1\,m \times 1\,m \times 1\,m$ 的网格体系

这两份课程设计均试图在 Minecraft 随机生成的丰富多变的自然环境中，设计建立一套与之相适应的建筑与城市体系（模型），但又采用了截然不同的思路和切入点。一个是通过系统建筑单元的灵活组合，生成一套可持续发展且灵活多变的建筑系统（图 10-14）；而另一个则通过建立一套巨构网格框架体系，以通用性的开放格网，建构人类未来的栖居地。[①]

图 10-14　"最后的庇护所"方案海报

- **渲染引擎 CryEngine 的模型导入和渲染测试**

CryEngine 也包含一个所见即所得的沙盘编辑器（Sandbox），可以在其中导入 SketchUP、3DSMAX 等软件建立的三维建筑模型，并凭借其强大的实时动态全局光照、法线贴图等技术，生成光影逼真、材质丰富的空间效果环境；然后再凭借其独有的角色动画系统和交互操作系统，让设计者在虚拟环境中任意漫游、自由体验。最终结果，还可通过操作漫游过程的录制，与其他设计成果素材一起，剪辑编排为一段多媒体视频影像。

10.2.3　最后的庇护所——灵活可变的聚居建筑

该方案针对目前的能源危机和温室效应等背景，设想人类在自然原生地带开辟的可持续发展建筑聚落，以灵活多变的建筑体块单元进行不同方式的错落组合，以适应不同的地形和气候。他们在 Minecraft 中初步建立了一些尝试性的建筑环境，充分体验和检验人们在其中的活动和场景氛围（图 10-15）。

---

① 第一份设计方案由马广超、钱凯两位同学合作完成，第二份设计方案由朱博文、杨浩腾两位同学合作完成，此节相关图片均出自他们的作业成果。指导教师：俞传飞。

图 10-15 "最后的庇护所——灵活可变的聚居建筑"方案 Minecraft 操作场景

建筑体块单元的组合方式,被归纳为集中组合、线性排列、分散组团等几种不同模式,图示是在 SketchUP 中建模,并制作不同模式组合演变的动画(图 10-16),然后将组合模式与几种典型的地形状况相适应匹配的情形(图 10-17)。

图 10-16 "最后的庇护所——灵活可变的聚居建筑"方案概念模型集群方式

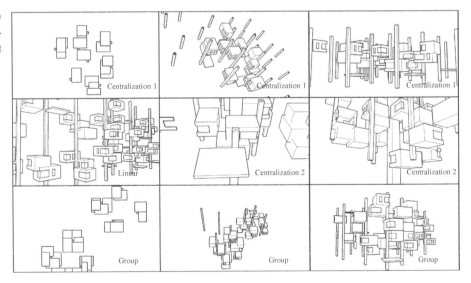

方案后期,前述的概念模型经过深入细化,被导入 CryEngine 中置入游戏引擎生成的仿真地形,赋予材质光影,进一步在现场漫游和体验的过程中,对方案的效果进行检验,并在调整后最终生成一段精心编排的互动影像(图 10-18)。至此,虚拟建筑方案通过设计的互动操作,被建成于虚拟的环境中,可供人体验和品评。

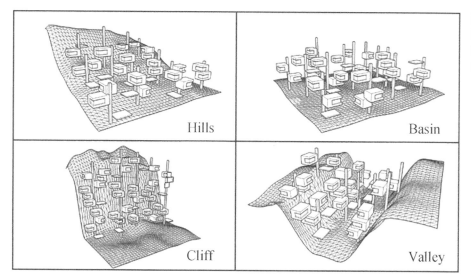

图 10-17 "最后的庇护所——灵活可变的聚居建筑"方案概念模型地形特点

图 10-18 "最后的庇护所——灵活可变的聚居建筑"方案 CryEngine 渲染影像动画截图

10.2.4 系统格网——基于巨构网络的未来栖居地

有别于前一个方案的适应性单元组合方式，"系统格网"采取了一种和基地地形拉开一定距离的主动方式，去建构有别于自然形态的巨构网格。因为方案的背景设定，是假设外部环境的相对恶化后的极端状况，因此它与环境的关系，更多体现在超大尺度层面的某种呼应上（图 10-19）。

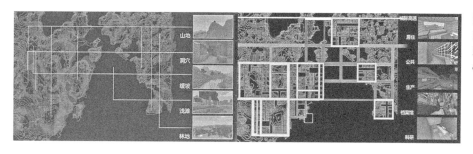

图 10-19 "系统格网——基于巨构网格的未来栖居地"方案 Minecraft 概念场景

方案概念模型的重点,也更多集中于结构支撑体的建立。巨构体中的建筑构成主要被区分为私密的住宅单元和开放的公共空间。住宅单元以舱体方式置入结构框架之中,而公共服务部分,包括交通、集会等,则被穿插安排其中(图10-20)。

图 10 - 20 "系统格网——基于巨构网格的未来栖居地"方案结构模型

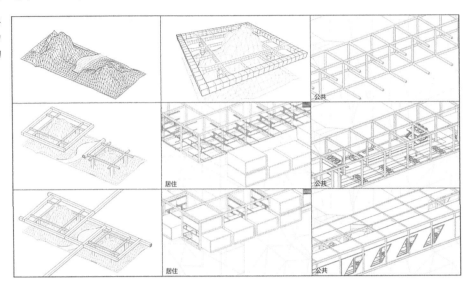

最终的操作影像,既有Minecraft平台粗糙而生动的室外场景,也有相对细化的模型在CryEngine引擎中所追求的未来派科幻风格的内部场景(图10-21)。

图 10 - 21 "系统格网——基于巨构网格的未来栖居地"方案动画影像截图

正是基于以上教学研究和设计操作,学生们在"互动虚拟建筑"课题中利用互动游戏平台和渲染引擎等工具,推演设计概念,表达设计方案,进而以实时互动操作,建构一个概念设计的虚拟建筑。其具体操作要点可以概括如下:

图解/概念:利用数字信息图解进行建筑概念的解析和表达。

材质/肌理:用不同渲染贴图进行虚拟建筑材质和表皮的推敲。

光影/时间:在虚拟游戏场景和渲染引擎中生成光影效果和时间氛围。

流线/活动:用游戏角色动态操作研究多种功能场所的活动和关系。

视线/场景：通过典型场景的选择和塑造，表达和研究视线效果。

模型/细部：运用虚拟模型/建筑信息模型进行设计细部的控制与深化。

生成/建构：在虚拟建筑平台实时建造生成方案内容，并以动态影像加以展示。

有关工具层面的反思：本课题选用的两个游戏引擎，和建筑专业的建模渲染等工具相比，各具其优缺点——此类游戏引擎最大的特点，就是凭借实时运算能力带来所见即所得的结果，直观呈现设计所要表达的内容。Minecraft 本身就是游戏平台，材料、光照等均凭借预先设定而无须调配，这可以极大地节约设计表达的流程，真正让设计者在其中体会到"建造"而非"绘图"的一步到位；但到目前为止，它缺乏专业工具在形态和尺寸上的精确性和灵活性，光影效果的设定实际上也有光而无影①。CryEngine 则属于游戏制作的杰出商业工具，以其逼真的场景和炫目的效果著称，已然被不少专业人员用于建筑的相关表达和操作；但它仍然没有脱离建模/导入/赋材质/设光影等这样的流程，只是在完成结果的互动体验上，有别于传统计算机表现工具。

有关设计层面的反思：如前所述，实时互动的游戏平台和引擎的介入，有可能改变设计操作的流程，让诸多过去仅存在于建筑师的经验和想象中的设计因素，以更为直观、精确、生动的方式，参与到设计的过程中来。这些因素包括时间、光影，材料的物理等相关特性，基地环境的完整体验和研究，设计与"建造"的直接互动与融合，甚至通过多人网络环境建立在线虚拟漫游带来的人群现场活动和各种场所氛围等等。当然，这种种可能性的具体实现尚需时日，而它们对设计和相关过程的影响，也还需要审慎的探究。但无论如何，这类技术和工具在建筑设计教学活动中的尝试，当然还有太多的地方可供发掘和思考。

10.3 实时动态数据分析的城市设计更新②

建筑所处的城市环境是一个复杂的、动态的数据系统，设计模拟可以帮助我们客观了解城市环境及其运行逻辑，科学地做出设计决策。但是，相对于复杂的现实环境，现有模拟系统操作复杂、结果单一。不同于传统的建模、分析

---

① Minecraft 其实也有不少外挂的光影增强 MOD，可供实现比原始设定更为逼真的光影效果，但代价无一例外都是对计算机硬件运算能力的苛刻要求，进而限制了它们的普遍应用。

② 田杰仁，俞传飞．基于实时数据分析的城市环境动态模拟系统的研究：以"南京市铁北新城"重点地段为例［C］//2019 全国建筑院系建筑数字技术教学与研究学术研讨会论文集，2019.

工具,基于实时渲染的可视化模拟平台提供了一种全新的思考问题的方式与观察城市的视角。作为简化的模拟系统,城市模拟类游戏平台具有多种信息复合,动态运行与实时交互的特点。接下来的课题分析,选取城市模拟游戏为研究对象,利用以交通、区划概念优先的"城市天际线"(Cities:Skylines)建立南京市铁北新城重点地段的城市模型,分析游戏运行逻辑,评估综合、动态、交互的影像模型对于城市环境模拟的潜力。

10.3.1 逻辑框架与数据变量

游戏运行的评价标准需要通过对相关指标进行实时的测评与反馈。内置的测评系统具体到每个模拟单元。模拟单元从单个市民、车辆到整个城区的集合,都是相互影响的独立系统。这些指标通过游戏内的可视化图表得以表达,包括幸福度、市民教育与健康、污染、噪声、基础设施利用率等等。一方面,如同现实环境中市民需要各种设施满足生活需求,游戏的运行机制(图 10-22)是以置入的建筑模块解决市民需求(表 10-1),提高幸福度与土地价值两个游戏内的综合指标,推进环境评分,进而影响区划中动态生长情况;另一方面,附带的污染、噪声、火情隐患以及随着市民迁入导致的拥堵、犯罪率会降低评分导致区划的衰退。

图 10-22 游戏运行机制

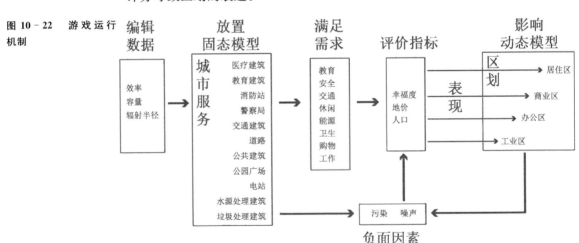

综上所述,置入的建筑模块及其参数作为影响因子调节着游戏运行机制。在作为区划子概念的动态模型中,可以设置的参数只有容纳人口上限,具体人数是环境评分的结果,每个市民指标的集合决定区划中最终的数据量;在作为城市服务建筑的固态模型中,可以设置所有建筑共有的通用型数据(表 10-2),根据建筑服务类型而改变的类型数据,设置过程可以在游戏自带的编辑器完成,也可以不做设置采用默认数据。

表 10-1　对市民需求的模拟分类与相关建筑

需求	供给
健康	医疗建筑(医院、理疗店、墓地)
教育	教育建筑(学校、图书馆)
安全	警察局、消防站
交通	交通建筑、道路
休闲	公共建筑(公园、体育馆、展览馆、地标)
购物	商业区
住房	住宅区
工作	工业区、办公区、商业区、所有建筑
能源	电站、垃圾焚烧站、水站、污水处理厂
卫生	垃圾处理建筑
噪声	工业区、办公区、商业区、能源建筑、垃圾处理建筑、交通建筑、车辆
污染	工业区、垃圾处理建筑

表 10-2　游戏内固定型建筑可编辑参数指标

通用数据	固定型建筑类型	类型数据			
		效率	辐射半径	容量	负面因素
尺寸 火情 垃圾容量 成本 维护花费 水、电用量 工作人口	医疗建筑	服务指数、处理能力	服务半径	病患容量、救护车数量	
	教育建筑	服务指数	服务半径	学生容量	
	警察局	服务指数、处理能力	巡防半径	警车数量、监狱容量	
	消防局	处理能力	巡防半径	消防车数量	
	交通建筑				噪声
	公共建筑	服务指数、吸引力	服务半径		
	垃圾处理建筑	处理能力、产出量	服务半径	垃圾容量、垃圾车数量	噪声、污染
	水处理建筑	处理能力、产出量			噪声
	电站	产出量、消耗量			噪声

　　本次课题研究的样本选定南京市"铁北新城"重点地段,作为南京中心城区的边缘,远离老城区,正在进行城市功能置换,区域内有良好的交通优势,铁路、火车站、地铁站、城市主干道穿城而过,同时辐射三处自然公园,具有优美的风景资源优势。实验设想将铁北新城重建为新的商业中心,因而提出激发商业潜力,提升商业价值,依据游戏内城市运行逻辑,提出以下优化思路:

　　功能置换后的土地价值提升,功能混合型布局比单一布局价值更高。土地价值的概念可以使用游戏内土地价值的图解表示,这里的土地价值不等同于现实的地价,仅作为游戏内一项综合的评分。

公共绿地的置入提升土地价值。根据设计框架,公共空间带来景观效应直接提升地价,同时公共空间隔离道路与建筑的污染、噪声,间接影响地价。

道路等级与道路类型影响地价。道路等级越高,道路流量上限越高,道路的交通越顺畅,同时,作为道路类型的人行步道可以疏解交通压力,顺畅的交通间接提升地价。

10.3.2　工作流程——动态模型的构建

为了检验上述优化思路,选取城市中一段街区在城市天际线中构建模型。第一步是选定实验区域,收集建立城市模型的相关数据。为了建立城市模型需要以下改造前后的数据:地形数据,路网信息与其他交通基础设施数据,公交系统信息,经济指数,居民与就业的相关指数,土地利用分区,住区、商业、办公单元属性,城市服务类建筑信息(警察、医院等等),公园及地标。

在对上述信息归类整理之后,下一步是城市建模。在"城市天际线"中,城市建筑模型的构建分为两步,先制作地形模型,再在地形模型的基础上构建城市建筑模型。地形模型一旦建成,在后续运行中,只能做小范围修改。建立地形模型;这步操作,既可以导入 PNG 格式的 DEM 图,利用游戏内置的生成工具自动生成地形,也可以利用游戏内的地形修改工具手动填挖。关于 DEM图的制作这里不详细展开,游戏官方配套的网址可以下载到任意地区已有的DEM 图。然后建立交通网,主要是沙盘模型的出入接口,以及航道、航线、铁路、城市主干道。这步需要手动建造,一些插件可以辅助建造过程(overlay 插件可以映衬一个城市底图,达到一种描图的效果)。

地形模型建立完成后,才可以在运行模式中建造城市模型。游戏机制决定了建筑单元必须依靠道路建立,因此完成城市模型的第一步是在已有的主干道基础上深化路网。游戏中提供了完备的路网层级与多种形式的道路模型,足以匹配多数情况下的现实道路状况。继而铺设市政管网,包括供水、排水、暖通管道,电网与信号,同时还有相应的基础设施。上述过程需要依靠手动绘制,相关插件可以为绘制过程提供参照。由于现实中道路在形态、状况存在各种差异,无法做到"完美"复制现实道路与基础设施,因而需要对现实信息做一定的概括处理。

完成路网与基础设施绘制后,下一步是生成或摆放建筑模型。依据上问题及的动态模型与固态模型的分类概念,分别"涂抹"功能区划与"摆放"公共服务设施,随时间演进与环境评分机制的互动,最终生成城市模型。同样的,这一操作过程需要手动绘图,建筑"生长"的过程需要花费大量时间,同时难把控生成结果,建筑层面的空间形式与现实环境难以做到完全的匹配,仅能表达城市层面的空间聚集、离散的效果。最终是绘制公交线路,设置区域政策等附属新系统。样本模型的构建过程见图 10-23。

图10-23　样本地段建模过程

利用DEM生成地形　　　　　导入底图　　　　　　　调整细节

铺设沙盘连接口　　　依据底图完善路网　　　划分功能分区

　　游戏中提供了可以手动编辑建筑模型的端口,得以导入SU、Rhino等常规建模软件的OBJ文件,达到空间形式也"完美"匹配的效果,这一过程耗费大量时间,将会占用大量运行空间,影响流畅性。自制模型的编辑过程不同于寻常简单的"导入",同时伴随对运行数据的编辑。自制模型可以借助于相关论坛发布,同时也可以从论坛上下载到其他用户的自制模型与插件,丰富城市建筑类型与形式,以达到更真实的还原现实环境的效果。通过相关插件可以增强游戏功能,更为真实的模拟现实环境,例如Rush-time插件可以控制模拟市民的作息时间,仿真交通高峰期的情况;RICO插件可以"摆放"动态区划内的建筑,使动态区划变成固态模型,但这样势必会影响游戏的运行机制,同时也会影响部分实时反馈与动态仿真的效果。[①]城市建筑模型及附属系统制作完成后,通过对模型的交互可以对上述提及的优化思路进行验证,对比分析不同的城市设计方案的操作,结果可以通过可视的数据图像或者动态模型的变化效果直接观察。

10.3.3　分析优化——实时数据的反馈

　　按照上述步骤,根据地块信息构建完成城市模型并在游戏中运行,成果见图10-24。现有模型模拟城市功能置换前厂区存在的城区状况,为了反映城市模型的运行情况,发现模型对应的城市问题,游戏内提供了数据可视化的表达工具,这些图表包括表格、坐标图以及覆盖在模型上的图层,内容涵盖环境、能耗、人口状况、交通、公共服务、经济、自然资源、地形高度、灾难应急几个方面。这些图表反映的是游戏运行机制对表10-1中变量变动的评估结果,也就是对城市操作方案的评估结果。尽管这些可视化的图表规格不统一,计算过程不透明,更多的是表达一种定性的倾向,但是却表达了城市运转中各个变量以及各个参数之间的相互作用,例如污染分析图虽然没有给出详细的数据表

①　Valve Corporation. Steam Community:Cities:Skylines-Workshop[2019-7-5]. https://steamcommunity. com/app/255710/workshop/.

格,但表达了工厂制造污染,绿植、公园隔绝污染,还有它们之间的数量级关系。根据游戏开发者释放的信息,表 10-1 中涵盖全部的变量①。

图 10-24　样本地段建模成果

样本地段建模成果　　　　　　　　　　样本地段卫星底图

根据游戏内城市运行逻辑与优化思路,选定污染、噪声、地价、交通状况作为对比时使用的分析图示。如图 10-25 所示,(b)将所有被置换的工业用地替换为商业用地,同时在郊区划定同等规模的工业用地,图(c)为置换后的地块为商业、办公、住宅合理混合的方案;共同经历一年的运行(成长)后,对比(a)置换前地块内污染、噪声、地价、交通状况,可以看到置换后污染消失,噪声减弱,地价抬升,但是交通出现拥堵,混合用地噪声进一步减弱,地价抬升,交通改善。图(d)对比路网改善前后地块内运行状况,(d)为合理调整后的路网方案,可以看到,路网调整后,交通状况改善,地价抬升。图(e)所示为增加一条城市绿轴的情况,可以看到增加公共空间后地价抬升,沿绿轴噪声减弱。

图 10-25　样本地段实时交互分析

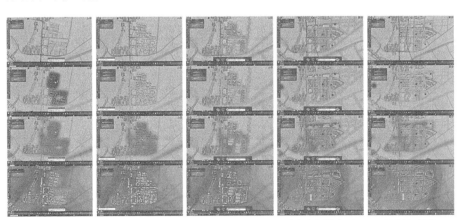

　(a)置换前　　(b)置换成单一商业　　(c)混合布局　　(d)改良道路网　　(e)添加绿轴

10.3.4　南京铁北新城重点地段城市设计方案②

基地位于南京市玄武区铁北新城重点地段,该基地原为依维柯汽车厂区,

①　Wikipedia. Cities:Skylines,The Paradox Wikis 2019.[2019-7-5]. Available:https://skylines. paradoxwikis. com/Cities:_Skylines_Wiki/.

②　SMART 4D 课程设计成果"Mixed Fun 混合介质"(李宇阳、王沁飑、王凌豪)获 2019 第五届中国人居环境设计学年奖 城市设计类 银奖,指导教师:俞传飞、邓浩。

现已拆除。用地面积约 33 公顷，西至恒嘉路，东至北苑东路，南北向介于已建小区中海玄武公馆和阳光嘉园之间。依据上位规划，该重点地段将成为铁北新城商务商业中心。

设计对人群构成、功能业态、公共空间分布、道路断面类型、周边住居区房价的空间分布等方面进行了现状调研，其所反映出的问题均指向于街区活力的缺失。因此，贯穿本设计方案的重点即为如何有效且针对性地提升街区活力。其中，具有创新性的尝试体现在，设计过程中不同程度地结合具有实时数据反馈特性的游戏平台（Cities：Skylines）作为优化、调整设计方案的依据（图10-26）。

图 10-26 获奖方案设计图版

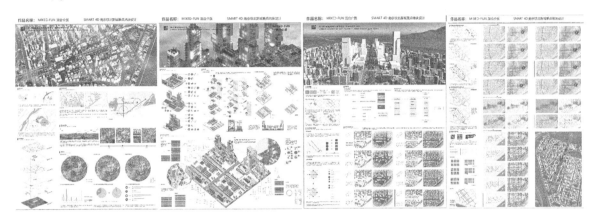

在设计过程中，引入具有实时数据反馈特性的游戏平台（Cities：Skylines），针对街区活力缺失这一问题，从两个层面提升街区活力：① 公共空间的配置研究（位置、尺度、可达性等）；② 业态混合研究。对于方案优化选择的依据是与现实因素相关联的游戏平台（Cities：Skylines）内置的相关参数：土地价值；游客数量；人群构成；噪声污染。将在平台内各步骤模拟优化的结果相叠加，即生成最终方案。

本设计的特点是在传统规划设计中以经验理论为主要设计依据的基础上，借助与现实因素有一定匹配度的实时数据游戏平台，将设计方案置入平台模拟其建成运营状态，以其反馈的相关数据作为优化、调整设计方案的依据。

后　记

　　一直以来,建筑师通过独有的建筑表现方式将自己在建筑中的设计意图明确清晰地表现出来,以此与甲方、施工方以及民众进行沟通交流。建筑设计表现是要以一定的中介系统或表现媒介来向人们展示建筑的内容、特征及含义,传达设计意向不仅是对多维度媒介的综合应用,更是与设计过程交互作用密不可分的手段,甚至它本身就可以融入了设计之中——设计方案的发展与表现不应该是两个割裂的部分。

　　与传统的建筑效果图和建筑实体模型等表现手段相比,在新媒介手段的帮助下,建筑图解和动态影像不仅可以满足传统设计表现媒介直观会意的效果,更弥补了传统设计表现媒介在过程表达和互动体验方面的缺失。很多时候,图解(尤其是数字化图解生成)已经成为先锋建筑师必备的设计工具,他们借助图解去分析解决设计过程中传统套路难于解决的问题。新的表现媒介和方法的影响和应用,也引起了建筑师对建筑设计过程和方法的反思。数字化图解的抽象提炼和影像的动态交互性解析更适合表现建筑的复杂生成过程和真实空间结构,乃至场所氛围。

　　当我们面对着市场上华丽快速的建筑效果表现图和炫彩夺目的建筑宣传片,值得反思的是,究竟是需要建筑师来阐述自己的建筑设计理念,还是要依靠凭借数字技术手段的"表现"行业的人士来代替建筑师向大众介绍解释建筑设计理念? 诚然,媒介只是工具,数字媒介更是当下最为流行的建筑表现工具,但是建筑设计过程并不是以工具来作为终结,而是以工具作为手段渗透到设计过程中的不同阶段,表现与设计过程互相作用,相得益彰,为整个建筑设计过程更快更好更有效地完成而共同服务。随着全球信息化进程脚步的加快,数字媒介在建筑设计和表现方面扮演的角色将会越来越重,让我们拭目以待。

参考文献

[1] PICON A. Digital culture in architecture：an introduction for the design professions [M]. Basel：Birkhäuser Architecture，2010.

[2] 汤阳. 作为媒介的建筑：建筑的表达与再表达[D]. 北京：清华大学,2009.

[3] CHATMAN S. Story and discourse [M]. New York：Cornell University Press，1978.

[4] 俞传飞. 我们为什么要如此建造？数字技术时代建筑的新叙事方式[J]. 新建筑,2008(3):24-27.

[5] 叶芸,俞传飞. 新叙事·新空间：叙事文本与建筑空间的比较阅读[J]. 新建筑,2011(2):66-69.

[6] 徐卫国,陶晓晨. 批判的"图解"：作为"抽象机器"的数字图解及现象因素的形态转化[J]. 世界建筑,2008(5):114-119.

[7] STAN A. "Notations ＋ diagrams：mapping the Intangible" from practice：architecture, technique and representation [M]. London：Routledge，2009.

[8] 徐卫国. 数字图解[J]. 时代建筑,2012(5):56-59.

[9] HILL J. Immaterial architecture [M]. London：Routledge, 2006.

[10] 虞刚. 数字建筑的崛起[M]. 上海：同济大学出版社,2012.

[11] 阿尔伯蒂. 建筑论：阿尔伯蒂建筑十书[M]. 王贵祥,译. 北京：中国建筑工业出版社,2016.

[12] 王国燕,张致远. 数字影像文化导论[M]. 合肥：中国科学技术大学出版社,2014.

[13] 袁烽,里奇. 建筑数字化建造[M]. 上海：同济大学出版社,2012.

[14] CARPO M. The alphabet and the algorithm [M]. Cambridge：The MIT Press, 2011.

[15] 沙拉帕伊. 建筑CAD设计方略：建筑建模与分析原理[M]. 吉国华,译. 北京：中国水利水电出版社,2006.

[16] 包行健. 空间蒙太奇：影像化的建筑语言[D]. 重庆：重庆大学,2008.

[17] 希尔,冯炜. 追逐阴影：非物质建筑[J]. 建筑师,2005(6):9-15.

[18] 俞传飞. 从再现到模拟：《绘图的消亡：模拟时代的建筑》及相关文献的对比解读[J]. 建筑师,2018(6):106-111.

[19] 吴葱. 在投影之外：文化视野下的建筑图学研究[M]. 天津：天津大学

出版社,2004.

[20] ROBIN E, Translations from drawing to building and other essays [M]. Cambridge：The MIT Press, 1997.

[21] TERZIDIS K. Algorithmic architecture [M]. London：Routledge, 2006.

[22] SCHEER D R. The death of drawing：architecture in the age of simulation [M]. London：Routledge, 2014.

[23] 童雯雯. 图解法在现代建筑设计中的典型运用方法解析[D]. 上海：上海交通大学,2009.

[24] 俞传飞,伍伟侨. 当代建筑数字图解的交互叙事性及其应用解析[C]// 2016 年全国建筑院系建筑数字技术教学研讨会论文集. 沈阳,2016.

[25] LYNN G. Animate form [M]. New York：Princeton Architectural Press,1999.

[26] 陈寿恒,李书谊,洛贝尔. 数字营造：建筑设计·运算逻辑·认知理论 [M]. 北京：中国建筑工业出版社,2009.

[27] 迈尔-舍恩伯格,库克耶. 大数据时代[M]. 盛阳燕,周涛,译. 杭州：浙江人民出版社,2012.

[28] 徐卫国,黄蔚欣,靳铭宇. 过程逻辑："非线性建筑设计"的技术路线探索[J]. 城市建筑,2010(6):10-14.

[29] 孟海星,沈清基,慈海. 国外韧性城市研究的特征与趋势：基于 CiteSpace 和 VOSviewer 的文献计量分析[J]. 住宅科技,2019, 39 (11):1-8.

[30] 李志明,冯琳惠,沈瑞馨. 国外空间句法研究演进与前沿领域的知识图谱分析 [J]. 规划师,2019, 35 (8):5-11.

[31] 王祥,李可可,姚佳伟. 数字文化下的建筑技术研究与教学发展现状 [J]. 时代建筑,2020(3):50-57.

[32] 王振飞,王鹿鸣,尹国栋,等. 于家堡工程指挥中心立面设计[J]. 城市环境设计,2014(11):86-89.

[33] 伍伟侨,当代建筑数字图解的叙事性特征及其应用[D]. 南京：东南大学,2016.

[34] 挖屈鸡. 学术研究 ｜ 从分区到参与,为什么分形学很重要 Mereology [EB/OL]. (2021-11-23)[2022-03-23]. https://mp. weixin. qq. com/ s/bp3wJDMO3NRYQa6kaRdu6w.

[35] 袁烽. 从图解思维到数字建造[M]. 上海：同济大学出版社,2016.

[36] 李宇阳,俞传飞. 从静态量化指标到动态数据评价：城市设计相关数据及评价标准的动态转变初探[C]//2020 年全国建筑院系建筑数字技术教学与研究学术研讨会论文集. 长沙,2020.

［37］金超. 由几项规定性指标反思控制性详细规划［J］. 山西建筑,2006,32(15):13-14.

［38］MARSAL L,BOADA-OLIVERAS I. 3D-VUPID:3D visual urban planning integrated data［C］//MURGANTE B. Computational science and its applications-ICCSA 2013:lecture notes in computer science. Berlin:Springer,2013.

［39］牛强. 城市规划大数据的空间化及利用之道［J］. 上海城市规划,2014(5):35-38.

［40］杨俊宴,熊伟婷,曹俊,等. 基于智慧城市空间大数据的城市信息图谱建构研究［J］. 地理信息世界,2017,24(4):36-41.

［41］赵曼彤,张伶伶,袁敬诚. 动态城市设计的系统思维范式与方法论模型［C］//2019第十四届城市发展与规划大会论文集. 郑州,2019.

［42］黄生辉,王存颂. 街道城市主义:武汉市街道活力量化及影响因素分析［J］. 上海城市规划,2020(1):105-113.

［43］刘俊娟. 城市交通规划后评价［J］. 城市交通,2007,5(6):44-48.

［44］路晓东,赵志强,冯悦,等. 智慧城市下噪声管理的创新方法［J］. 建筑与文化,2019(9):162-163.

［45］王维. 基于商业建筑空间的算法图解研究［D］. 北京:中央美术学院,2011.

［46］CDCer. 浅谈图表参数化设计［EB/OL］.（2010-08-26）［2022-03-23］. https://cdc. tencent. com/2010/08/26/％E6％B5％85％E5％95％96％E5％9B％BE％E8％A1％A8％E5％8F％82％E6％95％B0％E5％8C％96％E8％AE％BE％E8％AE％A1/.

［47］CLEAR N. Concept planning process realisation:the methodologies of Architecture and Film ［J］. Architectural Design,2005,75(4):104-109.

［48］俞传飞. 无人栖居的建筑·没有甲方的建筑师:对虚拟建筑师和虚拟建筑在实践领域的探讨［J］. 华中建筑,2001,19(6):12-15.

［49］周诗岩. 建筑物与像:远程在场的影响逻辑［M］. 南京:东南大学出版社,2007.

［50］Jeff Mottle. 2021 Architectural Visualization Rendering Engine Survey Results ［EB/OL］（2021-01-11）［2022-04-04］. https://www. cgarchitect. com/features/articles/712bd906 – 2021-architectural-visualization-rendering-engine-survey-results.

［51］Valve Developer Union. Worldcraft ［EB/OL］（2017-12-05）［2022-04-04］. https://valvedev. info/tools/worldcraft/.

［52］OOSTERHUIS K,FEIREISS L. The architecture co-laboratory:game set and match II. on computer games,advanced geometries,and digital technologies [M]. Delft：Episode Publishers，2006.

[53] 张宇. 中国传统建筑与音乐共通性史例探究[D]. 天津：天津大学,2006.

[54] 吴榛榛. 巴洛克时期音乐与建筑相通性的比较研究[D]. 郑州：河南大学,2009.

[55] 金旖. 基于音乐美学的建筑生成系统[D]. 北京：清华大学,2015.

[56] CLEAR N. Concept planning process realisation：the methodologies of architecture and film [J]. Architectural Design，2005，75(4).

[57] 毛浩浩. 向多媒体游戏学习：多媒体游戏虚拟空间特征研究初探[D], 南京：东南大学,2010.

[58] 闫苏,仲德崑. 以影像之名：电影艺术与建筑实践[J]. 新建筑,2008(1).

[59] 王沁飚. 数字影像逻辑的建筑时间维度研究初探[D],南京：东南大学,2021.

[60] 奥利弗·格劳. 虚拟艺术[M]. 陈玲,译. 北京：清华大学出版社,2007.

[61] 翁家若. 专访丨法政建筑：行动于世界冲突的核心地带,假新闻时代的建筑侦探[EB/OL]. （2019－03－02）［2022－04－23］. http：//www. tanchinese. com/archives/news/42125.

[62] 豆瓣. 为什么说谷歌虚拟博物馆是一项创举[EB/OL]. （2018－12－06）.［2022－04－20］. https：//www. douban. com/note/699185991/.

[63] 俞传飞. 媒介的转换："数字影像建筑"设计课题解读[C]//2012 年全国建筑院系建筑数字技术教学研讨会论文集,2012.

[64] 俞传飞. 媒介的转换：基于互动游戏引擎的虚拟建筑设计课题解析[C]//2013 年全国建筑院系建筑数字技术教学研讨会论文集,2013.

[65] 田杰仁,俞传飞. 基于实时数据分析的城市环境动态模拟系统的研究：以"南京市铁北新城"重点地段为例[C]//2019 全国建筑院系建筑数字技术教学与研究学术研讨会论文集,2019.

[66] 陶晓晨. 数字图解：图解作为"抽象机器"在建筑设计中的应用[D]. 北京：清华大学. 2008.

[67] 虞刚. 图解的力量：阅读格雷格·林恩的《形式表达：建筑设计中图解的原—功能潜力》[J]. 建筑师. 2004(04)：123-124.

[68] 卜骁骏. 视觉文化计介入当代建筑的阐述：视觉技术、大众与消费[D]. 北京：清华大学，2005.

[69] EVANS R. The projective cast：architecture and its three geometries [M]. Cambridge：The MIT Press，2000.

[70] 俞传飞,韩岗. 从图解到影像：当代数字媒介对建筑设计表现的影响及其应用[J]. 城市建筑,2010(6)：18-20.

图表索引

图片来源除注明外,均为自创内容,包括作者课题、课程指导下的学生作业、设计成果,由作者自绘/提供,并也注明了设计/绘制者。

史密斯作品集(精)[M]. 沈阳:辽宁科技出版社,2003.

图 8-3　空间影像逻辑图示(视图框景/路径运动/序列交互)

资料来源:The Manhattan Transcripts 1976-1981

网址:http://www. tschumi. com/projects/18/#

图 8-4　人眼视角的空间影像

资料来源:法国影片《影子部队》片头剧照

图 8-5　鸟瞰视角的空间影像

资料来源:影片《柏林苍穹下》截图

图 8-6　空间影像的框景图示

资料来源:电影《后窗》剧照

图 8-7　空间影像的移动框景图示

资料来源:《合金弹头》游戏场景截图

图 8-8　西班牙圣家族大教堂建造过程模拟影像

资料来源:圣家族大教堂建造过程模拟

网址:https://www. youtube. com/watch? v=2963MHzP-IE

图 8-9　天气建筑 / 乔纳森·希尔 (Weather Architecture/Jonathan Hill)

资料来源:Hill J. Weather architecture[M]. London:Routledge, 2013.

图 8-10　卷轴式空间的交互场景(《魂斗罗》/《超级玛丽》)

资料来源:毛浩浩. 向多媒体游戏学习:多媒体游戏虚拟空间特征研究初探[D]. 南京:东南大学. 2010.

图 8-11　地图式四向延展空间的交互场景(轴测或总平空间/《帝国时代》)

资料来源:毛浩浩. 向多媒体游戏学习:多媒体游戏虚拟空间特征研究初探[D]. 南京:东南大学,2010.

图 8-12　纪录片《勒·柯布西耶》中萨伏伊别墅的空间影像路径

资料来源:纪录片《勒·柯布西耶》剧照截图

图 8-13　德国柏林荷兰大使馆的空间路径与影像

资料来源:https://oma. eu/projects/netherlands-embassy

图 8-14　三体水滴空间的无极缩放影像

资料来源:《三体:黑暗森林》的同人作品视频截图

图 8-15　速度下的非均质时空影像

资料来源:上图 王沁飔/下图 刘斌.图像时空论[M].济南:山东美术出版社,2006.

图 8-16　变速博物馆空间体验图示

资料来源:左图 周师岩《建筑物与像》/右图 OMA 泰特美术馆改造方案

网址:https://www. oma. com/projects/tate-modern

库克.格拉兹(Graz)艺术馆[J]. Architectural Record 建筑实录（美国).2004(01):97.